新手学
达芬奇DaVinci Resolve
快速通

王占坤
编著

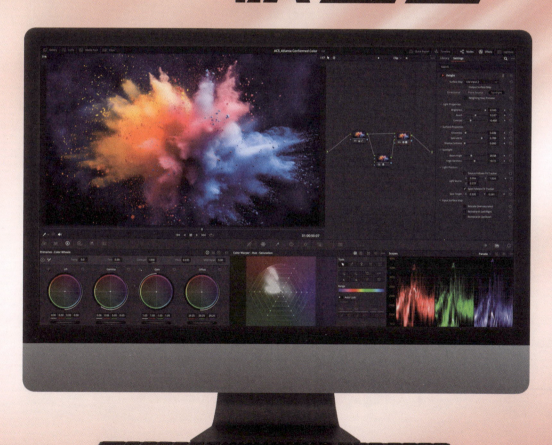

人民邮电出版社
北京

图书在版编目（CIP）数据

新手学达芬奇 DaVinci Resolve 快速通 / 王占坤编著.
北京：人民邮电出版社，2025. -- ISBN 978-7-115
-65899-9

Ⅰ. TP391.413

中国国家版本馆 CIP 数据核字第 2025P1Q549 号

内 容 提 要

达芬奇（DaVinci Resolve）是目前备受青睐的视频剪辑工具。本书循序渐进地讲解了使用达芬奇进行视频剪辑、调色的方法和技巧，可以帮助读者轻松、快速地掌握达芬奇软件的操作方法。

本书共 8 章，依次讲解了软件的基本设置，以及媒体、剪辑、快编、调色、Fusion（合成）、Fairlight（混音）、交付工作页面的基本功能和操作，并设计了综合性的剪辑、调色和合成实例，易于读者掌握。随书附赠练习素材和教学视频，有助于提高读者的学习效率。

本书内容全面系统，案例综合性强，贴近实际应用，可作为初级读者轻松入门、快速上手达芬奇操作及应用的参考书，也可以作为各大专科院校及培训学校相关专业的教材，还可作为广大视频编辑爱好者、影视动画制作者、影视编辑从业人员的自学教程。

本书配有数字资源包，包括素材文件、工程文件（书中案例）和 167 分钟的视频讲解，请读者详细阅读本书封底的说明（如何获取和使用）。

◆ 编　　著　王占坤
　　责任编辑　黄汉兵
　　责任印制　马振武
◆ 人民邮电出版社出版发行　　北京市丰台区成寿寺路 11 号
　　邮编　100164　　电子邮件　315@ptpress.com.cn
　　网址　https://www.ptpress.com.cn
　　临西县阅读时光印刷有限公司印刷
◆ 开本：787×1092　1/16
　　印张：14.25　　　　　　　　2025 年 6 月第 1 版
　　字数：451 千字　　　　　　2025 年 6 月河北第 1 次印刷

定价：89.80 元

读者服务热线：(010)53913866　印装质量热线：(010)81055316
反盗版热线：(010)81055315

PREFACE 前言

很多读者通过调色功能认识了 DaVinci Resolve（达芬奇）。经过多年发展，该软件的功能已远远不止调色。目前，DaVinci Resolve 已发展成为一款功能强大的视频编辑工具。其专业的调色系统和强大的剪辑模块，已成为众多专业剪辑师和调色师的首选工具。

· 本书特点 ·

7 大功能模块　各项功能全面掌握

本书以通俗易懂的文字，结合精美的创意案例，全面深入地讲解 DaVinci Resolve 的操作方法和 7 大功能模块，分别是媒体、快编、剪辑、Fusion、调色、Fairlight 和交付功能模块，帮助读者全面掌握这一视频剪辑工具。

50 个创意案例　边讲边练快速上手

本书全面覆盖当下视频剪辑软件的主要领域，凭借大量实际案例，展现达芬奇在不同领域的应用，内容涵盖素材筛选、字幕制作、视频剪辑等多个方面，帮助读者快速掌握各类视频的剪辑方法。

167 分钟视频教学，轻松上手快速精通

本书附赠 167 分钟教学视频，详细演示了 DaVinci Resolve 的操作步骤，确保读者能够轻松入门，快速精通。

· 全书内容安排 ·

全书共分为 8 章，结合软件功能操作和实例进行讲解，调色部分还介绍了关于调色的基础知识，使读者能够知其然，更知其所以然。

第 1 章主要介绍了视频剪辑的基础知识和 DaVinci Resolve 的工作页面与常用工具，并结合多个实例，介绍 DaVinci Resolve 的基础操作，例如新建剪辑项目与进行项目设置、导入素材文件、添加入点与出点等。

第 2 章主要介绍使用 DaVinci Resolve 制作变速效果、转场效果和多种字幕效果的方法，帮助读者上手 DaVinci Resolve，快速出片。

第 3 章主要讲解调色基础知识，本章先对色彩管理基础知识进行简单科普，因为这是

DaVinci Resolve 调色的基础，调色首先要做到对色彩准确、科学地还原，然后才是设置色彩风格。然后，本章介绍了使用 DaVinci Resolve 进行调色的各种技巧，结合实例帮助读者理解 DaVinci Resolve 的调色思路。

第 4 章主要介绍了 DaVinci Resolve 独具特色的节点式工作逻辑和人像、风格化调色，通过实例的讲解，帮助读者拓宽知识面。常见的色彩风格有很多，如青橙色调、小清新风格、港风等，设置各种风格的操作基本大同小异，只是要注意结合画面进行光影塑造和色彩调整。

第 5 章主要讲解 Fusion 合成的基本功能与操作。Fusion 与 After Effects 同为后期合成制作软件，采用更为直观的节点操作方式。如果读者接触过 Nuke 等专业合成软件，则较为容易上手。After Effects 有大量的模板和插件，随着 Fusion 的普及，DaVinci 也推出了多款特效，模板、插件等也越来越丰富。本章对其常用节点进行了简单的介绍，基本覆盖了常用的节点类型。

第 6、7、8 章通过综合实例，结合前面所学知识，使用 DaVinci 制作各种短视频，加深读者对 DaVinci 的理解。

本书主要以"理论知识讲解"+"实例应用讲解"的形式进行教学，能让初学者更易吸收书中内容，让有一定基础的读者更有效率地掌握重点和难点，快速提升视频编辑制作的技能。

本书为 2024 年黑龙江省教育科学规划重点课题"教育数字化转型背景下高校新形态数字教材建设实践研究"（课题编号 GJB1424222）阶段性成果。

编　者
2025 年 1 月

CONTENTS |目录

1

01

第1章

新手入门，剪辑理论和剪辑软件两手抓

本章导读

欢迎进入DaVinci Resolve调色的光影世界！我们将从基础剪辑理论知识开始，一步步带领读者了解视频剪辑与调色的思路，熟悉DaVinci Resolve的工作界面和各种工具，为后续的知识学习做充分的准备。

1.1 专业知识不难懂，新手必学的基础理论

正式开始学习软件之前，我们要先有一定的专业知识和基础理论才能更好地学习软件操作。在本节中，将为读者讲解剪辑中的导演思维、视频的剪辑流程和视频的调色思路，帮助读者打好 DaVinci Resolve 这款软件学习的基础。

1.1.1 剪辑中的导演思维

只有导演才需要导演思维，这是很多人创作时最大的误区。实际上，每位视频创作者都需要具备"导演思维"才能创作出更具专业水准的视频作品，毕竟电影是集体创作的艺术。电影创作的方方面面，如构图、色彩、灯光、声音、运动、调度、表演、剪辑、美术、服装与化妆等，每一个细分的视听领域，每一位影像创作者，都需要"导演思维"的调动与配合，才能促成一部真正具有电影美学价值的作品诞生。

而在剪辑中，导演思维意味着在处理每一个镜头时，都要考虑设计这一情节的目的和借助情节进行情感传递，而不仅是机械地拼接片段。这是一种从故事整体出发的思维方式，将观众的感受置于优先位置，让每一个镜头都有意义、推动故事发展。

假设正在剪辑一个场景，主角在等待某人到来，如图 1–1 所示。如果从导演思维出发，需要考虑如何通过镜头语言表达出主角的紧张和期待感，可考虑采用由远及近的推镜头，先展现场景空间的空旷感，再切换至主角焦虑的面部特写。此类镜头语言的运用可以让观众逐步感受到主角的孤独和紧张。而如果直接切到主角的特写，观众将失去渐进式的代入体验。

同时，导演思维还体现在镜头的顺序上。例如，在一场情绪激烈的争吵戏中，可能会先给出双方的远景，展示两人的位置和情绪的张力，再慢慢缩到中景，如图 1–2 所示，以观察演员的表情变化。随着情绪的升级，进一步切到特写，让观众捕捉到细微的表情和眼神。这种节奏的安排，不仅能逐渐加深情绪，还能让观众随着情节的起伏而感同身受。

图 1–1   图 1–2

导演思维——去思考如何通过镜头"讲好"一个故事。

1.1.2 视频剪辑的流程

视频剪辑流程就像是将一块块拼图组合成完整的画面，各种视频素材就是拼图，而最后完整的视频就是画面。所以视频剪辑的流程也和拼图流程类似。通常，剪辑的第一步是整理素材。在拍摄完成后，会将所有视频、音频和图片素材进行分类、归档，方便后续使用，如图 1–3 所示。就像为拼图准备材料一样，确保所有素材就位，并初步筛选出需要的片段。

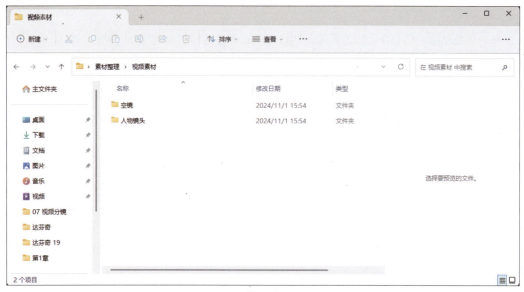

图 1-3

接下来是粗剪环节。在这个阶段，将素材放置在时间线上，开始对画面进行初步的剪辑。比如，一段长素材中，往往包含很多无用片段，需要剪掉，以保留想要的部分。这一步可以帮助创作者大致理顺视频的叙事逻辑，把一个个镜头按照顺序拼接起来，形成故事的基本结构。

初剪完成后，就需要进一步精剪、细化镜头，使画面衔接更流畅。在两个镜头交接处，创作者可能会稍微调整镜头的起始点和终点，确保画面之间的转换更加自然。这种精细调整尤其重要，能避免画面跳动或突兀，让观众在观看时更为投入。例如，在一个对话场景中，会根据情绪高低调整镜头切换的速度，让每一句话都紧扣情节。

细化镜头后，接下来就是调色。调色的目的是让整个画面的风格统一，提升影片的美感。通常会先调整亮度、对比度和色温，让所有镜头的色调一致。比如，一段黄昏的户外镜头，如图 1-4 所示，在调色时就可以适当增加暖色调，使画面看起来温暖柔和。

而一个充满悬疑氛围的场景，如图 1-5 所示，则可以降低亮度，增加冷色调，让画面更显神秘感。

图 1-4　　　　　　　　　　　　　　　图 1-5

调色完成后，进入音频处理阶段。通过音频剪辑和混音，视频画面可以更加生动，同时通过音画结合的方式提升视频质感。例如，去除同期声中多余的噪声，使对白更加清晰；在关键情节时，为了增强情绪渲染和视频氛围，可以加入背景音乐。音量的淡入淡出设置也可以调节观众的情绪起伏，为整部影片带来流畅的听觉体验。

最后一步是输出成片。此时需要根据视频的用途和上传平台，选择合适的分辨率和格式，使视频更好地适应不同的播放设备和平台需求。

1.1.3 视频的调色思路

视频的调色思路，核心在于用色彩塑造情绪，让画面传达出想要的感觉。调色不仅仅是"好看"，更是为了讲故事，用色彩引导观众更沉浸地感受场景和人物的情绪。

画面色调一般分为暖色调和冷色调两种。

暖色调指的是那些让人联想到阳光、火焰、秋天和温暖情感的颜色。通常包括红色、橙色、黄色和粉色等。这些颜色在视觉上给人温暖、舒适和愉悦的感觉，也常用来表达亲近、欢乐或温馨的情绪。

在视频或照片中加上暖色调，画面会显得温馨柔和，如图 1-6 所示。将画面调成橙色或红色，会让人感觉阳光洒满了整个画面，像一层柔软的光晕。这样的调色特别适合展现家的温暖、回忆的美好，或者一段浪漫的时光。

冷色调，就是那些让人联想到夜晚、海洋和宁静的颜色，像蓝色、青色、紫色，这些颜色总带着一种清凉、安静的感觉。看上去像是被轻轻罩上了一层薄雾，仿佛能让情绪慢慢沉淀下来。

在画面里加入冷色调，整个画面氛围会变得更冷静、更神秘，如图 1-7 所示。例如，在夜晚的场景加入蓝色或紫色，会让画面显得深邃，带点神秘感。而冷色调也很适合表现紧张的情节，或者想让观众感到故事里的疏离和距离感。

图 1-6

图 1-7

调色时，不仅需要关注画面色调，色彩之间的对比也是视频调色过程中至关重要的一部分。例如，当主角独自站在广阔的绿色森林中时，调色时可以让森林的绿色显得沉静、暗淡一些，而主角的衣物则选择亮色调，如红色或黄色，如图 1-8 所示。这样一来，主角在画面中会更加突出。这种对比不仅能够引导观众的视线集中到主角身上，还能有效地传达角色的孤独感或坚韧性格。

很多时候，调色也是为了统一不同镜头的色调。比如，一场戏有多个取景地，就可以根据场景风格统一色彩。假如影片风格是复古怀旧，就可以适当加一点褐色调，减少画面的饱和度，如图 1-9 所示。这样，整部片子的画面会有一种老照片般的感觉，让观众仿佛置身过去。

图 1-8

图 1-9

调色是让故事更具感染力的艺术。通过对色调、亮度、对比度的细微调整，视频画面才能为观众带来更深刻的情绪感染力。

1.2　软件不会用，熟悉界面快速入门

从这一节开始，我们将学习 DaVinci Resolve 软件的界面布局和基本操作设置。建议读者耐心阅读，扎实掌握基础知识。正如俗话所说："好的开始是成功的一半"。

相较于之前的版本，DaVinci Resolve 19 版本在界面设计上进行了多项优化和改进。接下来，让我们一起来认识 DaVinci Resolve 19 的全新界面。

1.2.1　项目管理器

下载并安装 DaVinci Resolve 后，双击桌面上的 DaVinci Resolve 图标，即可启动 DaVinci Resolve 软件，进入 DaVinci Resolve 启动界面，如图 1–10 所示。

图 1–10

项目管理器是组织与管理项目的地方，可以在这里创建、组织和删除项目，也可以在这里导入与导出项目，以便于在不同计算机之间迁移项目文件，如图 1–11 所示。

图 1–11

1.2.2　页面简介

完成 DaVinci Resolve 的基本设置后，就来到了 DaVinci Resolve 的操作界面。首先留意操作界面下方导航栏，这里标注了各个页面，如图 1–12 所示，从左至右分别为媒体、快编、剪辑、Fusion、调色、Fairlight 和交付，单击页面导航按钮，即可切换到相应的工作页面，而这 7 个页面也分别针对视频创作

的不同阶段。

| 媒体 | 快编 | 剪辑 | Fusion | 调色 | Fairlight | 交付 |

图 1-12

为了帮助读者更好地理解 DaVinci Resolve 的操作思路,先来看一看大致的工作流程,了解每个页面每个页面负责的功能,然后我们再来详细介绍每个页面。

首先,创作视频的第一步是导入素材并进行分类,这里需要使用"媒体"页面。随后进行视频的粗剪和精细剪辑,这时会用到"快编"和"剪辑"页面。锁定剪辑后,开始进行效果制作、调色以及音频调整,分别对应"Fusion"页面、"调色"页面和"Fairlight"页面。在完成所有的润色工作后,就可以导出视频,最后使用"交付"页面。在 DaVinci Resolve 中切换页面非常简单,可以选择使用菜单命令对工作页面进行切换,执行"工作区 > 显示页面"命令,单击相应的页面名称即可切换。也可以使用快捷键进行切换,切换工作页面的快捷键如表 1-1 所示。

表 1-1

页面名称	快捷键
媒体	Shift+2
快编	Shift+3
剪辑	Shift+4
Fusion	Shift+5
调色	Shift+6
Fairlight	Shift+7
交付	Shift+8

因此,DaVinci Resolve 的工作流程非常直观,呈现线性特征。用户无须被 DaVinci Resolve 的操作界面所困扰。下文将详细介绍各功能页面,以帮助读者更好地熟悉 DaVinci Resolve 的操作界面。

1.2.3 "媒体"页面

"媒体"页面主要分为4大区域,分别是媒体浏览器、素材检视器、媒体池和素材数据,如图 1-13 所示。

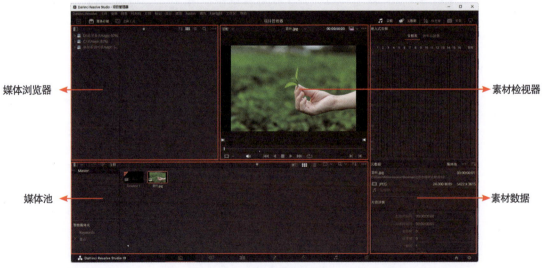

图 1-13

通常流程是通过媒体浏览器，找到素材所在的文件夹，选中某一素材后，在素材检视器中回看，查看素材数据，最后导入媒体池中，等待剪辑。也可以直接从文件夹中拖曳素材导入至媒体池中，等待剪辑。

> 提示：剪辑习惯非常重要，建议读者在导入素材至媒体池之前先做好素材的分类管理，后期使用 DaVinci Resolve 进行剪辑才会得心应手。

媒体池中可以新建媒体夹或是导入媒体夹帮助用户进行素材的分类，而执行这一操作仅仅需要用户移动光标至"媒体池"面板中，右键展开菜单后，执行"新建媒体夹"命令或"导入媒体夹"命令，如图 1-14 所示。

图 1-14

需要注意的是，DaVinci Resolve 具有独立的项目设置。导入素材后，DaVinci Resolve 会自动适配用户导入的第一个视频素材的帧率或是使用其默认设置，这时将无法更改项目设置中设置的帧率，在后期剪辑的过程中很容易出现跳帧或卡顿的情况，影响视频观感，建议读者在导入素材前就设置好帧率。

1.2.4　"快编"页面

完成素材的分类和导入后，就可以开始剪辑素材了。目前 DaVinci Resolve 具有两个剪辑页面，分别是"快编"页面和"剪辑"页面。这两者可以互相替代，在选择页面时可以根据自身需求进行选择。

"快编"页面相较于"剪辑"页面，它只有 3 个板块，分别是媒体池、素材检视器和时间线，如图 1-15 所示。

图 1-15

要理解"快编"页面的逻辑，首先需要想象所有素材被拷贝在一盘磁带中，因为磁带的特点是不能被随意剪断，只能按照顺序进行读取。而且所有素材都被封在磁带中，没有办法随意改动，就像是一条锁定的时间线。

"快编"页面中的媒体池看起来和普通媒体池没有什么区别，读者可以在这里创建媒体夹，把分类好的素材放进去；也可以双击素材，在检视器中进行回看。但是，在单击"源磁带"按钮后，如图1-16所示，用户就可以使用新的监看模式：母带监看。

图1-16

在母带监看模式下，素材箱中的所有素材，都被合并在一起了。你也会注意到检视器中，出现了小的白杠，来帮助识别素材的开头和结尾，如图1-17所示。

图1-17

假如需要更为直观地看到每一段随着拖动时间线而选中的素材，那就可以采用母带监看模式。虽然这一模式看起来和FinalCut非常相似，但是它确实很直观。

不同于磁带的无法编辑容量和内容，母带监看模式使用的是虚拟磁带逻辑，在跳出这一媒体夹后，会看到DaVinci Resolve重新生成了一个包含所有媒体夹的大母带。

"快编"页面是一个非常好用而且具有创新性的页面，面对视频的粗剪和制作具有时效性需要快速导出的视频时，使用"快编"页面会拥有更高的剪辑效率。

1.2.5 "剪辑"页面

在这一小节将深入"剪辑"页面，开始真正剪辑视频。

DaVinci Resolve中可以进行视频剪辑的页面有"快编"页面和"剪辑"页面。"快编"页面可以分为3大区域，"剪辑"页面则也可以分为3大块，分别为媒体池、检视器和时间线，如图1-18所示。

媒体池

检视器

时间线

图 1-18

"剪辑"页面中的媒体池更大，显示的内容也更多。用户可以在"快编"页面中创建媒体夹，对素材进行分类。

"剪辑"页面和"快编"页面相比，"剪辑"页面中可以使用的功能和工具比"快编"页面中更多。比如在"剪辑"页面中，有两个检视器，其中左侧的检视器为源素材检视器，这个检视器可以查看用户选中的素材；而右侧的检视器为时间线检视器，显示的为时间轴区域内播放头停留位置的画面。但"快编"页面中仅有源素材检视器，没有时间线检视器。

时间线区域也存在较大的差别。在"快编"页面中，不仅有轨道区域，在轨道区域上方也有时间线缩略区，便于用户快速查看素材。而在"剪辑"页面中，时间线区域内仅有轨道区域。

在实际操作时，读者可以根据自身需求选择合适的页面进行剪辑。

1.2.6　"Fusion"页面

虽然可以在"剪辑"页面中制作简单的视觉特效，但在"Fusion"页面中拥有更多的特效工具，用来打造更复杂、更逼真的动态效果。不同于其他剪辑软件，DaVinci Resolve 的"Fusion"页面是节点式的工作逻辑，更难掌握，需要花费一定的时间去适应，用户可以根据自身需求选择使用。

在传统的后期制作工作流程中，创作者必须首先完成视频的多次剪辑，来确定镜头时间。当需要动态图形或视觉特效时，需要通过渲染镜头、导入资源和跨多个软件创建多个项目文件，来将工作转换到其他应用程序中。而利用 DaVinci Resolve 中的"Fusion"页面，很多中间步骤现在完全没有必要了，这让创作团队有更多的时间专注于重要的事情：艺术质量。本小节将介绍"Fusion"页面，帮助读者了解"Fusion"页面。

"Fusion"页面可以分为 3 大块，分别是检视器、检查器和编辑区域，如图 1-19 所示。

"检视器"面板中包含了左检视器和右检视器，这两个检视器都可以显示工作时合成特效的画面，用户可以选中某一节点后按下数字键"1"或是"2"，选择所选节点显示在左检视器还是右检视器，便于快速查看节点效果。

在"检查器"面板中，显示所有可以调整的效果参数和已选择的工具，也可以在这里调整效果参数或工具参数来制作各种特效。

而最重要也是最复杂的就是编辑区域，在这里可以显示"节点编辑器""关键帧编辑器"或"样条曲线编辑器"的所有组合。

"节点编辑器"可能是编辑区域中最重要的部分，因为用来构建视觉特效的所有工具和组件都在这里实现。"Fusion"页面不像"剪辑"页面那样，使用的是有着明显层级区分的时间线；在这里，所有创造性的工作都是通过节点来完成的。使用节点式工作逻辑的好处就是，与基于层的合成不同，在使用有管理的节点图表时，不需要使用预合成（或嵌套时间线）。

当光标放在"节点编辑器"灰色空白的地方之后，按住鼠标中键并拖曳，可以调整节点图表流程的所处位置。

图 1-19

提示：如果没有鼠标中键，可以按住快捷键"Ctrl+Shift"，同时点击并拖曳鼠标左键来平移节点图表流程。

基于节点的工作流程与大部分读者熟悉的基于图层的工作流程不同。在进行调整时，例如放大某个图像或消除某一片段的镜头抖动，都是单独执行使用专用的工具，称之为节点。节点之间的连接就像一个代表信号路径的流程图。DaVinci Resolve 中"Fusion"页面的每个合成都以一个名为"MediaIn1（媒体输入1）"输入1的节点开始，并以"MediaOut1（媒体输出1）"结束，如图 1-20 所示。这些节点代表离开并返回到"剪辑"页面的视频或图像。

图 1-20

同时，"Fusion"页面中不存在时间线与播放头滚动，取而代之的是位于"检视器"面板下方的标尺，如图 1-21 所示，"Fusion"页面中的时间浏览完全由时间标尺完成。时间标尺是以帧为单位计量的，标尺两端存在的黄色短线则提示素材的开始与结尾。

图 1-21

来检查一下这个素材片段：按下快捷键"空格"，即可开始播放；再按一次快捷键"空格"，即可停止播放，此时标尺上出现了一条红色的线，这条线就相当于"快编"页面和"剪辑"页面中的时间线和播放头，提示目前正在观看的素材时间点。除此之外，在标尺的右下角，存在时间显示区，也能提示目前正在观看的素材时间点，如图 1-22 所示。

图 1-22

将播放头从渲染范围的左侧第一根黄色标线缓慢地拖曳到右侧的第二根黄色标线。你可能会注意到时间标尺的下方区域出现了一条绿色的小线。绿色标线代表视频的某一帧已缓存到内存中，以便更快地播放。虽然不需要使用"Fusion"，但在你的系统上有更多可以使用的内存将允许"Fusion"有更长的缓存时间，从而实现更流畅的播放。

> 提示：可以在"偏好设置"对话框中为 Fusion 内存播放分配更多的或更少的内存。分配给 Fusion 内存播放的内存数量取决于分配给 DaVinci Resolve 应用程序的总数量。

1.2.7　"调色"页面

所有关于调色的制作过程，都可以在 DaVinci Resolve 的"调色"页面中完成。先来熟悉一下"调色"页面的布局。

DaVinci Resolve 最大的优点就是它强大的调色功能，在"调色"页面中，提供了各种各样的工具，帮助用户进行各种精细化的调色操作。"调色"页面可以分为 6 大块，分别是画廊、检视器、节点编辑器、片段、一级工具显示区和数据显示区，如图 1-23 所示。

图 1-23

各个区域的功能简介如下。

·画廊："画廊"可用于储存调色，用户可以将这些调色应用于时间线上的其他片段。

·检视器："检视器"显示播放头目前所处时间线位置的帧。

·节点编辑器："节点编辑器"通过节点式的工作逻辑来直观地展示用户执行的调色操作。

·片段：在这里时间线被分解为不同的缩略图以及一条迷你时间线，便于用户查看。

·一级工具显示区：包含了一系列调色的一级工具。用户只需要单击某一工具按钮即可切换至相对应的工具面板。

·数据显示区：显示关键帧编辑器、示波器及元数据信息。

切换到"调色"页面后，"播放头"仍位于它在"剪辑"页面上所处时间点的位置。"调色"页面不会更改"时间线"上的任何剪辑点和转场，它只是为用户提供一种更便于调色工作的"时间线视图"。

"调色"页面中默认不开启"时间线"功能，若用户需要使用时间线，那么只能单击"节点编辑器"上方的"时间线"选项来开启时间线，如图1-24所示，从而对整个时间线上的所有素材进行调色。

图1-24

"调色"页面中的时间线不同于"快编""剪辑"页面中的时间线，这里的时间线不是用来对素材片段进行剪辑操作的，而是用来定位调色的媒体片段，一般与"片段"区域配合使用。移动时间线中的播放头，选择相应的媒体片段，即可在检视器中显示该媒体片段的内容。

> 提示：当用户在"剪辑"页面中禁用某条视频轨道后，"调色"页面的时间线上该"轨道"也将变灰，不可使用。

1.2.8 "Fairlight"页面

DaVinci Resolve 具有专业的调音页面，即"Fairlight"页面。Fairlight曾是一家老牌数字音频公司，后被 Blackmagic Design 公司收购。2017年，Fairlight技术被整合到 DaVinci Resolve 中，使 DaVinci Resolve 具备了专业、高端的音频处理功能。

"Fairlight"页面可以分为5大块，分别为监看、检视器、播放控制栏、时间线和调音台，如图1-25所示。

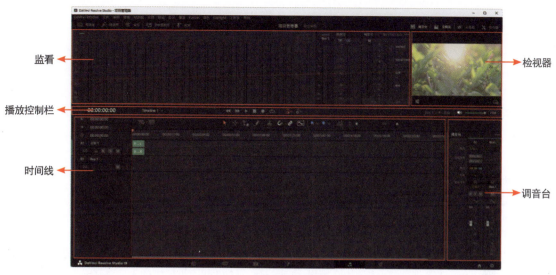

图 1-25

制作音频不仅要学会听，还要学会看。"监看"面板类似于"调色"页面中的示波器，可以将声音响度直观地显示出来。"监看"面板用于全面显示各音频轨道、总线轨道的音量状态，如图 1-26 所示。每个音频轨道都对应一个峰值表，顶部数字表示音频轨道的编号，彩色横线的颜色对应音频轨道的颜色。

谈到"监看"面板就不能忘记位于"Fairlight"页面右下方的"调音台"面板。在"调音台"面板中，单独的音频轨道通常也被称为音频表，如图 1-27 所示。

图 1-26　　　　　　　　　　　　　　　　　　　　图 1-27

音频表与"监看"面板中的峰值表显示相同，以 dB（分贝）为单位显示当前音量电平，以颜色提示用户音量的听感，其中红色通常表示音量过高，只能瞬时存在。黄色区域通常为人声较为理想的区域。

> 提示：音频表旁边的音量刻度可以帮助直观地显示播放头所处位置的音量大小。一般来说，−3dB 通常是最响亮的尖叫声，−10dB 是较响的声音，−12dB 是平均对白电平，−15dB 是轻柔的声音，−20dB 是最弱的微语声。同时，由于音量大小和分贝大小呈指数相关，若分贝平均数值递增，则人感受到的音量大小为指数递增，在调音时增加分贝数值需要更为谨慎。

"检视器"面板仅用于视频的简单显示，通常与音频表同时开启或关闭。点击右下角的"浮动窗口"按钮（如图 1-28 所示），可将其切换为浮动状态。通常将其拖曳至工作区底部的中心位置或其他适宜位置，以便在观察素材的同时不影响其他操作。通过拖曳检视器的四角可调整其显示尺寸。当"检视器"面板独立显示时，可关闭音频表以节省操作空间。

图 1-28

"Fairlight" 页面中的播放控制栏中有许多工具，每种工具在进行音频操作时都非常有用。各种工具介绍如下。

时间码 00:00:02:04 ：显示播放头的时间码。

时间线下拉列表 Timeline 1 ：可以选择并打开时间码。

播放控制按钮 ◄◄ ►► ► ■ ● ↺ ：从左至右分别为"倒回" ◄◄ "快进" ►► "播放" ► "停止" ■ "录制" ● 和"循环" ↺ 。不同于常规的播放控制按钮中的按钮，在"Fairlight"页面中多了"录制"按钮 ● ，用来录制音频。

开启 / 关闭自动化：单击该按钮可以开启或关闭自动化，默认为开启自动化，若关闭自动化则不能使用"铅笔"工具和"自动化跟随编辑"工具，调音台也会随着自动化的关闭出现变化。

自动化控制：单击该按钮后，会在播放控制栏的上方显示自动化控制工具，如图 1-29 所示，可以轻松地进行各种控制操作，并形成控制曲线。

图 1-29

· 写入：用来记录绝对变化。

· 修整：记录电平的新变化。

· 触动：在"触动"下拉列表中包括 3 个选项。"关闭"选项表示不记录；"锁存"选项表示会在触发时记录，松开后停止记录。以"推子"为例，选择"锁存"选项时松开推子后会保持不变，选择"吸附"选项时松开推子会弹回原记录位置。

· "当停止时"：代表单击"停止"按钮后的情况，下拉列表中包括 3 个选项："保持"选项表示停止时该位置之前的值为最新值，之后的值仍为之前的值；"事件"选项表示停止时该位置之前的值为最新值，之后的值会自动覆盖参数发生变化的点。

下面举例说明。选择"写入"选项，在"触动"下拉列表中选择"锁存"选项，在"当停止时"下拉列表中选择"保持"选项，在"启用"栏中单击"推子"选项后，即可在播放的同时使用轨道推子实现自动化记录。在轨道头的位置可以查看自动化记录的曲线（需要将轨道纵向放大显示出来），如图 1-30 所示。使用调音台推子控制时，推子会变为红色，如图 1-31 所示。

图 1-30

图 1-31

在"停止"按钮![icon]上右击，即可弹出菜单，执行"停止播放并返回播放头原位"命令，如图 1-32 所示，每次停止播放时，播放头就会自动返回播放前的位置了。

图 1-32

如果用户想要使用循环播放功能来查找音频中的问题，那么可以先在时间线上按快捷键"I"和"O"，设置好播放的入点与出点，单击"循环"按钮，或按快捷键"Ctrl+/"，就可以开始循环播放。同时，DaVinci Resolve 也可以使音频片段在入点与出点之间循环播放，只需要按快捷键"Alt+/"。

在调音时，难免需要在某一小段音频间反复播放，以便查找问题并进行调整。手动拖曳播放头进行反复播放较为烦琐，因此用户可单击软件左上角的"播放"选项，在弹出的菜单栏中单击"再次播放"选项，如图 1-33 所示。或者，用户也可以按快捷键"Alt+L"，使播放头自动跳转至上次播放的位置并开始播放。

在工具栏中单击"时间线显示选项"按钮，即可展开选择菜单，如图 1-34 所示。

图 1-33

图 1-34

其中需要注意的是显示视频滚动条、显示音频滚动条和缩放预设。

若用户开启显示视频滚动条和显示音频滚动条，那么时间线区域中就会显示新的滚动条界面，类似于"快编"页面中的时间线，播放头居中固定，视频缩略图展示，显示音频轨道的波形，如图 1-35 所示。

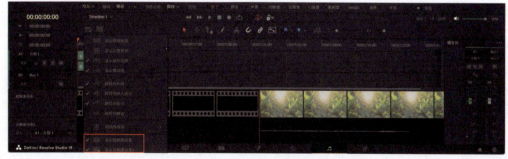

图 1-35

缩放预设中则包含了 7 种预设缩放，用户可以根据自身需求选择切换。

介绍了那么多，接下来介绍"Fairlight"页面中的工具栏，如图 1-36 所示，具体的操作逻辑与"剪辑"页面中的时间线剪辑操作类似。

图 1-36

各个按钮从左至右依次介绍如下。

· 指针模式█: 快捷键为 "A"。单击该按钮，可以在轨道头或音频片段上单击选择或拖曳框选音频轨道或音频片段，实现音频片段的移动、剪辑等操作。

· 范围模式█: 快捷键为 "R"。单击该按钮，可以在音频轨道上拖曳选择任意长度的音频片段。这里有一个小技巧，选择某一段音频后，鼠标的指针光标在该选区上会变成手形图标，直接向上轻轻拖曳，即可将该音频片段的两端切开。采用这种方法将某段音频提取出来进行更换更加方便，能够提升用户的工作效率。

· 聚焦模式█: 当光标位于音频轨道上音频片段的不同位置时，会自动变成不同的工具。在音频片段的前半段会变成编辑工具，可以调整播放头的位置或拖曳选取范围；在音频片段的后半部分则会变成抓手工具。

· 刀片工具█: 又称为剪刀工具，用于切割音频片段，快捷键为 "Ctrl+B"，也可以使用快捷键 "Ctrl+\\" 完成切割。注意，在进行切割操作时，先将播放头调整至切割位置，并选定切割的音频轨道或音频片段，若没有进行选择，则会对当前播放头所在位置的全部音频片段进行切割。

· 吸附█: 单击该按钮，可以开启或关闭时间线吸附功能，快捷键为 "N"。

· 链接所选█: 单击该按钮，可以开启或关闭链接，快捷键为 "Ctrl+Shift+L"。注意，不仅音频和视频可以链接，音频和音频也可以链接。如果想要建立或者取消链接关系，则可以选择媒体片段并右击，在弹出的菜单中执行或取消"链接片段"命令。

· 自动化跟随编辑█: 记录一段时间内的任何参数变化。新设的选项可以让自动化功能跟随编辑更改。这意味着当用户修剪、移动或编辑任何片段的时候，所记录的自动化功能也会跟随这些改动。这样一来，即便用户在最后一刻进行编辑更改，混音处理也能保持不变。

· 旗标█: 快捷键为 "G"，单击该按钮，可以给音频片段添加指定颜色的旗标。

· 标记█: 快捷键为 "M"，单击该按钮，可以标记音频片段上某个时间点的某个事项，也可以直接将时间线某个时间点"标记"出来。

· 瞬态探测█: 该工具可以自动监测瞬态音频，也可以监测单独的词、节拍或音效。单击该工具的按钮后，在轨道头的片段数量会变为"瞬态探测"按钮，单击该按钮，音频片段上会出现竖线，便于使用箭头按钮定位导航。

最后两个滑动条用于调整音频片段在轨道上的显示大小，时间线视图快捷键在此同样适用。需要说明的是，"Fairlight"页面中的时间线上"横向滑块"向右拖动时，可以放大至1s、1帧直至采样级别，如图1-37所示。一个小方块代表一个采样点，拖曳采样点可进行极精细的音频剪辑操作。

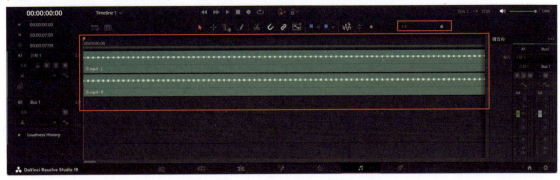

图1-37

还有一些被折叠起来的面板，如媒体池、特效库、索引、音响素材库等。部分面板展开后会遮挡工作区，用户可以根据自身需求单击监看面板上方的选项选择开启或折叠某一面板。

"Fairlight"页面的剪辑功能非常强大，很多功能可以在时间线的右键菜单中找到，如"扩展编辑选择""编辑所选内容""轨道波形缩放"等，读者可以在实际操作中进一步归纳总结，尽量使用快捷键完成操作。

1.2.9 "交付"页面

交付是完成音/视频制作的最后一个环节，虽然操作比较简单，但也要认真对待，确保将高质量的视频呈现给观众。

切换至"交付"页面，其界面如图1-38所示，可以分为5大块，分别是渲染设置、检视器、渲染队列、片段和时间线。

图 1-38

"渲染设置"区域是"交付"页面的主面板，在这里用户可以对制作好的音/视频进行编码输出，但在设置之前，需要具备一定的音/视频编码基础知识，才能更加灵活、准确地运用该页面。

DaVinci Resolve 预先设置了好几种交付格式，如图1-39所示，很贴心地为用户准备了常见的视频网站使用的格式，便于用户直接导出、上传。

本地格式主要包括 H.264、H.265、IMF、Final Cut Pro7（在下拉列表中可选择 FCPX）、Premiere XML、AVD AAF、Pro Tools、纯音频等。

YouTube、Vimeo、TikTok、Twitter、Presentations、Dropbox、Replay 均为视频网站，使用其预设可以输出适合网络传播的媒体格式。以 YouTube 为例，使用时，单击右侧的下拉按钮展开面板，选择导出视频的分辨率，面板中的参数可以保持默认设置，设置好文件名称和位置，注意音频轨道要选择正确，不要勾选"直接上传到 YouTube"复选框，如图1-40所示。设置完成后，将其添加到渲染队列即可。

图 1-39

图 1-40

在本地格式中，H.264 是最常用的预设，先设置好文件名称和位置，在"渲染"栏中可以选择"单个片段"或"多个单独片段"选项。"单个片段"用来输出一个完整视频；"多个单独片段"主要用来进行套底等操作，将调好色的视频片段单独输出。"视频""音频""文件"3 个标签页中的相关参数可根据项目要求，在默认参数基础上进行调整，如图 1-41 所示。

在视频标签栏底部的高级设置中，可以对色彩空间进行设置，还可以设置是否使用优化的媒体文件或代理文件、缓存文件等直接进行输出，如图 1-42 所示。

展开视频标签栏底部的字幕设置栏，如果字幕轨道中添加了字幕文件，则需要在字幕设置栏中进行导出，勾选"导出字幕"复选框，在"格式"下拉列表中可以选择"烧录到视频中""作为单独文件"（常用 SRT 格式）、"作为内嵌字幕"（文本格式）等选项，如图 1-43 所示。

图 1-41

图 1-42

图 1-43

H.265 则常用于超高清、HDR 视频等的导出。

IMF 是一种影片数字发行的母版文件，通常格式选择"IMF"，编解码器可选"Kakadu JPEG 2000"，如图 1-44 所示。

Final Cut Pro X、Premiere XML、AVID AAF 这 3 种预设主要用来与其他视频剪辑软件进行套底操作，将调好色的视频片段单独导出，且导出一个 XML 文件作为时间线使用。在"编解码器"和"类型"下拉列表中可以选择视频质量较高的格式，确保作品最终的输出质量，如图 1-45 所示。需要注意的是，FCP7 和 FCPX 的 XML 文件不能混用，导出之前需要先在下拉列表中选择。

图 1-44

图 1-45

Pool Tools 预设是 Pro Tools 软件导出的预设，时间线片段可单独导出为 MXF 格式的片段，音频轨道可单独导出为一个 AAF 文件，供 Pro Tools 软件使用。

DaVinci Resolve 不仅可以导出视频，也可以导出纯音频。选择该预设后，视频标签页的"导出视频"复选框自动取消勾选，在音频标签页中可以设置音频编码和相关参数。

在进行自定义设置，例如根据各大视频网站的要求对媒体文件格式进行设置后，可以将其保存成快捷设置，方便后续使用。只要在完成设置后，单击面板中的"设置"按钮▪▪▪，在弹出的下拉列表中选择"另存为新预设"选项并设置名字，自定义的新预设就会出现在预设栏中，如图 1-46 所示，新预设可以在"设置"下拉列表中删除或者更改。

单击工具栏中的"片段"按钮 旁的下拉按钮，展开"片段"面板，可以看到其与"调色"面板中的"片段"面板相同。

但与"调色"页面不同的是，在任意片段上右击，都可以弹出菜单，如图 1-47 所示。执行"渲染此片段"命令，会在时间线上将该片段的头尾作为入点和出点，方便对选择的片段进行单独渲染输出。

图 1-46　　　　　　　　　　　图 1-47

"交付"页面中的时间线与"剪辑"页面中的时间线面板基本相同，但"交付"页面中的时间线不具备剪辑功能，主要是用来设置渲染输出范围的。时间线面板上方有一个"渲染"下拉列表，如图 1-48 所示，展开该下拉列表，可以选择渲染"整条时间线"或"输入 / 输出范围"选项。

图 1-48

单击工具栏中的"渲染队列"按钮 ，展开"渲染队列"面板，即可管理渲染操作。当渲染设置完成后，渲染作业会逐条出现在"渲染队列"面板中，如图 1-49 所示。

用户可以对作业进行编辑和删除，也可以对单个或多个作业进行渲染，还可以对全部作业进行渲染。

右击渲染队列中的作业，在弹出的菜单中可以执行"在媒体储存中显示""打开文件位置""清除渲染状态"命令。

单击"渲染队列"面板中的"设置"按钮 ，在弹出的下拉列表中选择"显示作业详情"选项，作业会显示分辨率、编码、帧速率等元数据，方便在渲染前进行确认，如图 1-50 所示。

图 1-49　　　　　　　　　　　图 1-50

1.3　快速上手，掌握软件的基本操作

在熟悉了 DaVinci Resolve 中的各个工作页面之后，接下来需要熟悉 DaVinci Resolve 使用中的基本操作。在讲解新知识的同时，也结合了前面所学知识，以巩固基础。

1.3.1　调整时间线视图显示

在"剪辑"页面中，最重要的就是时间线，时间线是视频剪辑主要的操作区域。在 DaVinci Resolve 中，时间线拥有多种浏览方法。单击"时间线显示选项"按钮后，会弹出选项面板，如图 1-51 所示。

1. 时间线显示选项

·堆放时间线：用于设置是否在时间线面板的上方显示时间线标签，启用后的效果如图 1-52 所示。

图 1-51

图 1-52

·显示字幕轨道：用于设置是否在时间线面板中显示字幕轨道，可以在需要时启用。

·显示音频波形：用于设置是否在时间线面板中的音频片段上显示波形，开启后用户可以更加直观地观察到音频片段的状况，建议开启该功能。

> 提示：开启"堆放时间线"功能后，标签行的右侧会显示"时间线堆叠控制"按钮，单击该按钮后会将多条时间线并行显示，方便制作不同版本的项目。

2. 缩略图视图选项

·胶片条带：选择该缩略图视图模式后，视频轨道上的视频片段全部以缩略图的形式展示，可以很直观地看出视频内容，通常使用该视图模式，如图 1-53 所示。

·缩略图：选择该缩略图视图模式后，视频轨道上的视频片段开头和结尾是缩略图，中间以单一颜色的色块形式展示，如图 1-54 所示。

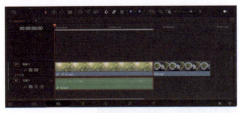

图 1-53

图 1-54

·无：选择该缩略图视图模式后，视频轨道上的视频片段不显示缩略图，仅以色块形式呈现，如图 1-55 所示。该模式通常在视频轨道数量较多且排列密集时使用。用户可通过设置视频轨道的颜色，将视频片段调整为不同颜色的色块以便区分。

图 1-55

3. 音频显示选项

· 显示未修正的波形：从音频片段底部开始显现音频波形，或以中间线对称显示音频波形。

· 显示完整波形：用于设置是否保留音频片段底部文件名分割条的空间。

· 显示波形边框：在音频片段的波形线边缘加上黑色边线，可以更加清晰地查看音频波形，通常会启用。

4. 轨道高度

· 视频：调整视频轨道上视频片段在垂直方向上的显示大小。

· 音频：调整音频轨道上音频片段在垂直方向上的显示大小。

1.3.2　快速筛选素材

"快编"页面中也可以快速筛选素材，根据素材类型进行排序。单击媒体池右上角的"排序"按钮，即可展开菜单，如图 1-56 所示。

在"快编"页面中，可以快速剪切素材并将其添加至时间线区域内，而不需要移动光标。首先，按空格键或单击"播放"按钮，播放至需要添加的素材开始处，按快捷键"I"添加入点。然后继续播放至需要添加的素材结束处，按快捷键"O"添加出点，完成素材的选择。选择后按快捷键"F9"，即可快速添加素材至时间线面板中。通过这一操作，可以快速浏览大量素材，不把时间浪费在重复的工作上。

如果想要更多的排序模式，则需要单击媒体池上方的"排序"按钮，切换至列表模式，如图 1-57 所示。在列表模式下，选择你想要的参数，即可根据你选择的参数进行排序。在选择参数后，回到母带监看模式，素材检视器下方的母带条也会随之更新。

图 1-56

图 1-57

"快编"页面更像是一个智能的时间线，会随着需求变化而产生变化。在"快编"页面中筛选素材非常便捷，只需要用到母带监看模式，而如果是在"剪辑"面板中筛选素材，操作就很复杂，可能需要你去创建两条时间线进行筛选。

除了母带监看模式和列表模式可以快速筛选素材，在 DaVinci Resolve 的"快编"页面中，还有一些很有意思的工具可以进一步加快素材筛选速度。比如时间线区域上方的"快速预览"工具，如图 1-58 所示，能够智能识别素材时长，然后将时长较长的素材加速，时长较短的素材维持原速播放，让用户以一个较为均衡的速度来浏览整个时间线。

图 1-58

同时，"快编"页面中的工具栏中还有更多的插入工具，例如"智能插入"工具，如图 1-59 所示，监测播放头所在位置，是靠近素材前端还是后端，如果播放头靠近前端，那么就将素材插入在播放头所处位置的这一素材前端，反之则是后端。插入素材后，"时间线"面板内会用一个白色的小箭头提示素材插入位置。

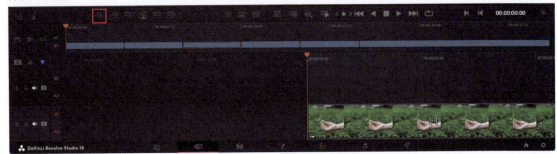

图 1-59

在"智能插入"工具的边上，还有"附加"工具、"源媒体覆盖"工具和"叠加"工具。顾名思义，"附加"工具就是将素材添加至目前时间线的尾端，"源媒体覆盖"工具和"叠加"工具就是将素材添加至上面的轨道中。

工具栏中较为有意思的还有"特写"工具。单击"特写"工具后，如图 1-60 所示，DaVinci Resolve 会使用其 AI 引擎进行监测。当素材中包含人脸部分时，它会对包含人脸部分的画面进行缩放。缩放是直接跟随人物面部的，无须手动调整位置或重新进行画面构图。这种切镜方式可以帮助用户规避说话错误或跳切，使视频整体看起来更加流畅自然。

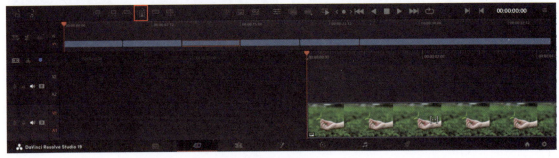

图 1-60

在"快编"界面的时间线区域中的播放头，默认是锁定位置的，也就是时间线自己跑，播放头不动。这样在总览时间线时，就可以看到播放头自己移动的位置，而在下方又可以看到跑过去的素材是什么。如果不太习惯这种操作方式，则可以单击"时间线"面板左侧的"时间线选项"按钮，展开菜单后，单击"固定的播放头"选项来关闭这一功能，如图 1-61 所示。

图 1-61

1.3.3　实操：新建剪辑项目并设置

1. 新建剪辑项目

想要新建项目，可以单击项目管理器界面右下角的"新建项目"按钮，或者右击项目管理器面板的空白区域，在弹出的右键菜单中选择"新建项目"命令。如果项目过多，还可以将项目分类存放到不同的文件夹中，以便于查找。

请注意，在新建项目时，应根据自身需求对项目进行重命名，以便于后续的项目查找和管理。如果在新建项目时未进行命名，使用了默认名称，用户也可以在项目管理器面板中右键点击需要重命名的项目，展开菜单后选择"重命名"命令，如图 1-62 所示，输入新的名称即可完成重命名操作。

图 1-62

> 提示：如果读者想要在进入 DaVinci Resolve 软件的工作界面后再次打开项目管理器面板，则可以单击工作界面中的"文件"选项展开菜单后选择"项目管理器"选项或按快捷键 Shift+1 打开项目管理器面板。

2. 项目设置

新建项目之后，项目的参数设置都是默认的。为了更好地掌握 DaVinci Resolve 软件操作，避免出现软件崩溃导致工作进度丢失的情况，现在我们将介绍在安装 DaVinci Resolve 之后，首次使用其进行剪辑和调色之前需要设置的项目参数。

在新建项目中导入素材后，单击左上角的"DaVinci Resolve"选项，展开菜单，执行"偏好设置"命令，如图 1-63 所示。

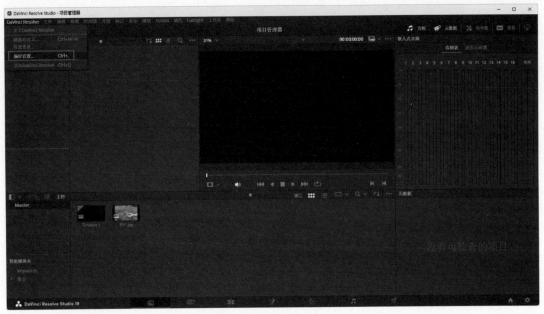

图 1-63

执行上述操作后，即可打开软件的设置面板，如图 1-64 所示。除此之外，用户还可以按快捷键"Ctrl+，"来打开设置面板。

单击"用户"选项，切换至"UI 设置"面板，用户可以在这里设置软件的使用语言，如图 1-65 所示。

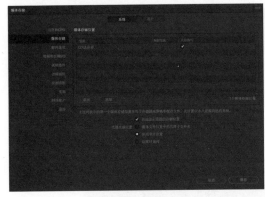

图 1-64

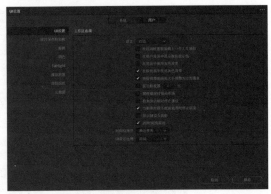

图 1-65

单击"项目保存和加载"选项，切换至"项目保存和加载"面板，勾选"实时保存"和"项目备份"选项，如图 1-66 所示，这样即便软件崩溃，也不会丢失任何进度，这也是 DaVinci Resolve 的一大优势。

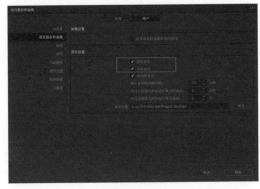

图 1-66

1.3.4　实操：导入素材文件

将媒体素材导入"媒体池"面板的基本操作方式有以下 4 种。

（1）通过菜单导入。执行"文件 – 导入 – 媒体"命令，在弹出的对话框中选择路径和要导入的媒体文件，并单击"打开"按钮。

（2）右击"媒体池"面板空白处，在弹出的菜单中执行"导入媒体"命令。

（3）使用快捷键"Ctrl+I"导入。

（4）将媒体素材直接从"媒体储存"面板拖曳至"媒体池"面板中，如图 1–67 所示。这是最简单、最直观的导入方法。

图 1-67

1.3.5　实操：添加入点与出点

为素材添加入点和出点能够快速截取需要的片段。

（1）通过在片段两端分别单击"标记入点"按钮（快捷键为"I"）和"标记出点"按钮（快捷键为"O"）来实现，如图 1–68 所示。

图 1-68

（2）想要调整入点和出点的位置，可以直接拖曳两头的小圆点，也可以在新的位置直接设置。而取消入点和出点，则可以直接使用快捷键：取消入点的快捷键为"Alt+I"，取消出点的快捷键为"Alt+O"，全部取消的快捷键则为"Alt+X"。

> 提示：右击"检视器"面板的时间轴，除了可以实现上述操作，还可以为媒体片段的视频和音频单独设置入点和出点，以及设置标记点和标记时长。

1.3.6　实操：添加音频或视频

当用户在源素材检视器中为素材添加入点与出点后，移动光标至源检视器面板中，如果当前正在查看的视频素材有音频，那么在拖曳素材、将素材添加至时间轴区域内时，用户可以选择仅添加素材画面或仅添加素材声音。

（1）若用户想要添加视频素材，那么按下源检视器中的"视频"按钮，拖曳素材至时间轴区域内，即可添加视频轨道，如图 1–69 所示。

图 1-69

（2）同样的，按下"波形"按钮 ，拖曳素材至时间轴区域中，即可添加素材的音频轨道，如图 1-70 所示。

图 1-70

提示：按住"Alt"键拖曳素材至时间线区域内，也可以单独添加视频片段；同样的，按住"Shift"键拖曳素材至时间线区域内，则可以单独添加音频片段。

（3）不按下任何按钮，直接移动光标到素材画面上，拖曳素材至时间轴区域内，那么就是添加素材的视频轨道和音频轨道，如图 1-71 所示。

图 1-71

1.3.7 实操：新建时间线

时间线是视频剪辑操作的"主战场"，可以简单地将其比喻成一口大锅，所有食材都需要放到大锅里进行加工，才能做出最终的成品。

1. 新建时间线

（1）当用户拖曳素材至时间轴区域内时，若在添加素材之前用户并未创建时间线，那么 DaVinci Resolve 会自动创建一条时间线，并使用默认的命名规则，如图 1-72 所示。

图 1-72

（2）除此之外，新建时间线的方法还有 3 种。第一种是执行"文件 > 新建时间线"命令。第二种是在"媒体池"面板中的空白处右击，在弹出的菜单中执行"时间线 > 新建时间线"命令。最后一种则是使用快捷键"Ctrl+N"来新建时间线。

（3）执行以上任一操作后，将弹出"新建时间线"对话框，如图 1-73 所示。如果新建的时间线要跟项目设置一致，则勾选"使用项目设置"复选框；要新建不同规格的时间线，则可以取消勾选"使用项目设置"复选框。

（4）当取消勾选"使用项目设置"复选框后，"新建时间线"对话框也随之出现变化，对话框的顶部会出现"常规""格式""监看""输出""色彩"5 个标签，如图 1-74 所示。

图 1-73

图 1-74

·"常规"标签页：在这里可以将起始时间码设置为 00：00：00：00，可以修改时间线名称、视频和音频轨道数量、音轨类型。通常保持默认设置即可，相关参数可以随时修改。

·"格式"标签页：在这里可以修改时间线的分辨率，在下拉列表中可以选择常用的固定规格，也可以在右侧的文本框中直接输入分辨率；可以修改时间线的帧率，以及设置不同分辨率的视频片段或图片进入该时间线的默认处理方式是缩放还是裁切等。

·"监看"标签页：该标签页中的参数主要用来设置专用 SDI 视频监视器的输出效果，需要根据具体的监视器设备进行设置。

·"输出"标签页：该标签页中的参数主要用来调整时间线的输出设置，保持默认设置即可。如果需要单独调整，则需取消勾选"将时间线设置用于输出缩放调整"复选框。

·"色彩"标签页：该标签页中的参数主要用来调整时间线的色彩科学、色彩空间等参数。

2. 时间线重命名

在剪辑项目中，可以设置多条时间线以进行复杂的编辑工作。然而，如果不对这些时间线进行命名，剪辑时可能会忘记每条时间线所包含的内容。因此，建议在添加素材之前，先创建并命名时间线，以符合个人的剪辑习惯。清晰且有组织的时间线将显著提高剪辑工作的效率。

（1）新建时间线后，DaVinci Resolve 会弹出"新建时间线"对话框，用户可以在这里更改时间线名称，如图 1-75 所示。

（2）如果用户忘记创建时间线，已经让 DaVinci Resolve 自动添加了一条时间线，那么也可以选择双击时间线名称来更改时间线名称，如图 1-76 所示。

图 1-75

图 1-76

1.3.8　实操：断开视频和音频链接

在使用 DaVinci Resolve 剪辑素材时，默认状态下，时间线面板上的视频轨道和音频轨道中的素材是绑定链接的状态，当用户需要单独对视频或音频素材进行剪辑操作时，可以进行断开链接操作，分离视频素材和音频素材，再根据自身需求进行单独剪辑。

（1）启动 DaVinci Resolve，新建名为"断开视频与音频的链接"项目后，在"媒体池"面板中导入一段素材，并将素材添加至媒体池内，如图 1-77 所示。

图 1-77

（2）切换至"剪辑"页面，将媒体池中的素材添加至时间线面板中，选中素材，可以看到"时间线"面板中的视频素材和音频素材呈链接状态，且缩略图上显示了链接的图标，如图 1-78 所示。

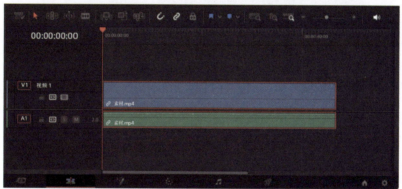

图 1-78

（3）选中时间线面板中的素材，右击素材，在弹出的快捷菜单中，执行"链接片段"命令，如图 1-79 所示。或选中素材后，按快捷键"Ctrl+Alt+L"。

图 1-79

（4）执行该命令后，即可断开视频素材与音频素材之间的链接，链接图标将不会在缩略图上显示，如图 1-80 所示。

图 1-80

（5）此时用户再选择任意轨道上的某一段素材，则只会选择这一段素材，另外的素材不会再出现表示链接的红框，如图 1-81 所示。

图 1-81

（6）选中音频轨道上的音频素材，按住鼠标左键并向右拖曳，即单独对音频素材进行了操作，如图 1-82 所示。

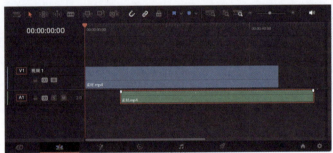

图 1-82

1.3.9 实操：离线并链接素材

在 DaVinci Resolve 的"剪辑"页面中，还可以离线处理选择的视频素材，或是重新连接已离线的素材。

（1）启动 DaVinci Resolve，新建剪辑项目后，在"媒体池"面板中添加一段名为"雪山"的视频素材，如图 1-83 所示。

图 1-83

（2）右击名为"雪山"的素材，在弹出的快捷菜单中，执行"取消链接所选片段"命令，如图 1-84 所示。

图 1-84

（3）执行该命令后，媒体池中的素材缩略图和检视器面板中的画面都会出现变化，显示为"离线媒体"，如图 1-85 所示。

（4）将视频素材离线处理后，想要重新链接离线的视频素材也很简单。右击已离线的素材，在弹出的快捷菜单中执行"重新链接所选片段"命令，如图 1-86 所示。

图 1-85　　　　　　　　　　　　　　图 1-86

（5）执行该命令后，在弹出的"选择源文件夹"对话框中，选择链接素材所在的源文件夹，完成选择后单击对话框右下角的"选择文件夹"按钮，如图 1-87 所示。

（6）完成上述操作后，媒体池和检视器中的素材缩略图、素材画面不再显示为"离线媒体"，如图 1-88 所示。

图 1-87　　　　　　　　　　　　　　图 1-88

1.3.10　实操：保存和打开项目文件

在 DaVinci Resolve 中编辑视频、图片、音频等素材后，可以将正在编辑的素材文件及时保存，保存后的项目文件会自动显示在"项目管理器"面板中，用户可以在其中打开保存好的项目，继续编辑项目中的素材。

（1）当用户使用 DaVinci Resolve 进行了编辑操作后，想要保存项目中的操作并退出，只需要单击软件界面左上角的"文件"选项，在展开的菜单中执行"保存项目"命令。或按快捷键"Ctrl+S"，即可保存编辑后的项目文件，如图 1-89 所示。

（2）执行该命令后即可保存项目文件。

（3）用户想要打开项目文件也非常简单，可以在项目管理器面板中双击想要打开的项目，如图 1-90 所示，即可打开项目文件。

图 1-89　　　　　　　　　　　　　　　　　图 1-90

（4）而在 DaVinci Resolve 的工作界面中，用户也可以直接打开最近打开过的项目文件。单击工作界面左上角的"文件"选项，执行"打开最近的项目"命令，选择想要打开的项目文件即可打开该项目文件，如图 1-91 所示。

图 1-91

1.3.11　实操：交付输出视频

在完成视频的编辑操作后就可以导出视频文件准备上传了。

（1）切换至"交付"页面，在左侧的渲染设置面板中，选择合适的预设或调整各项参数。以使用 H.264 预设输出视频为例，选择 H.264 预设，如图 1-92 所示。

（2）完成渲染设置后，单击"渲染设置"面板右下角的"添加至渲染队列"按钮，如图 1-93 所示。

图 1-92　　　　　　　　　图 1-93

（3）执行上述操作后，在弹出的"文件目标"对话框中选择保存位置，完成选择后单击"保存"按钮，如图1-94所示。

（4）执行上述操作后，"渲染队列"面板中将会出现作业，单击"渲染所有"按钮，即可渲染、输出视频文件，如图1-95所示。

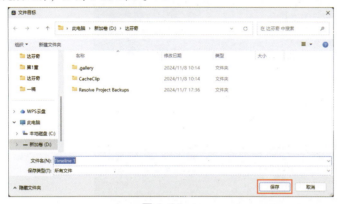

图 1-94

图 1-95

（5）完成渲染后，在选定的文件保存位置即可看到渲染后的文件，如图1-96所示。

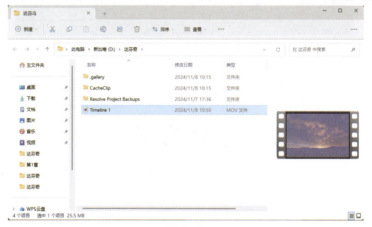

图 1-96

1.4 DaVinci Resolve的常用工具，看这里一目了然

在DaVinci Resolve中，有许多常用的工具，合理地使用这些工具能够显著提升工作效率。在本节中，我们将为读者详细介绍各种常用工具，以帮助读者更好地熟悉和掌握这些工具的使用方法。

1.4.1 选择工具

"时间线"面板中的最基本操作就是"拖曳"，可以将源素材片段从"媒体池""源素材检视器"面板直接拖曳至"时间线"面板中的任意轨道上，还可以从"源素材检视器"面板拖曳到"时间线检视器"面板上。"拖曳"是DaVinci Resolve中最基础、最便捷的操作之一，读者可以自行尝试。

而使用"拖曳"，则需要用到选择工具。在工具栏中单击"选择模式"按钮（快捷键A），使用该工具可以进行以下操作。

·选择媒体片段，可以在轨道上任意拖曳。

·在媒体片段侧边单击并拖曳，可以调整媒体片段的长度，白色线条表示媒体片段的冗余量，即调整范围，如图1-97所示。需要注意的是使用选择工具，而不是波纹剪辑工具，操作后相邻媒体片段并不会因为出现空隙而自动填补。"时间线检视器"面板中显示的是调整的媒体片段当前时刻的画面。

图 1-97

· 在两个媒体片段之间单击并拖曳，可动态调整两个媒体片段的长度，而两个媒体片段的总时长不变。"时间线"面板中显示的是调整的媒体片段当前时刻的画面。白色线框为调整范围，标签中会显示几帧几秒，如图 1-98 所示。

图 1-98

1.4.2 插入素材工具

通过插入素材工具，如图 1-99 所示，我们可以快速插入素材、覆盖片段和替换素材。

图 1-99

下面我们重点介绍各个工具的功能。

· 插入片段：将"源素材检视器"面板中的媒体片段插入"时间线"面板中选中的目标轨道上，从播放头位置开始，所有开启了"自动轨道选择器"的媒体片段将自动后移（快捷键 F9）。

· 覆盖片段：将"源素材检视器"面板中的媒体片段覆盖到"时间线"面板中选中的目标轨道上，从播放头位置开始，覆盖至源素材片段的出点或结束位置（快捷键 F10）。

· 替换片段：将"源素材检视器"面板中的媒体片段替换"时间线"面板中选中的目标媒体片段。这里需要特别注意，在 DaVinci Resolve 中，替换操作是将"源素材检视器"面板的播放头与"时间线检视器"面板中的播放头对齐，取左右两端两个片段中的较短者（快捷键 F11）。

下面我们将用实例进行具体说明。

（1）启动 DaVinci Resolve，在"媒体"页面中导入名为"小镇"和"雪地"的素材，添加素材至媒体池区域，如图 1-100 所示。

图 1-100

（2）切换至"剪辑"页面，双击媒体池区域中的名为"小镇"的素材，在源素材检视器区域中通过"I""O"快捷键，截选一个4s时长的片段，将其拖曳至时间线区域中，如图1-101所示。

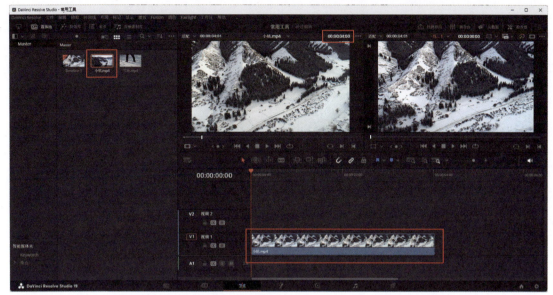

图 1-101

（3）选择并复制该片段。将时间线播放头移动至最左端，按住"Alt"键，单击V2轨道的"自动轨道选择器"按钮，这样就只有该轨道的自动同步打开，其余轨道的自动同步均关闭。

（4）按快捷键"Ctrl+V"粘贴，在V2轨道上粘贴一个"小镇"视频片段。在轨道左侧右击，添加V3、V4轨道，同样在V3、V4轨道上粘贴并对齐。

提示：复制视频片段最简单的方法是按住"Alt"键直接将视频片段从V1轨道拖曳至V2至V4轨道。

（5）在轨道左侧右击，在弹出的快捷菜单中执行"更改轨道颜色"命令，将各个轨道更改为不同的颜色，便于观察，如图1-102所示。

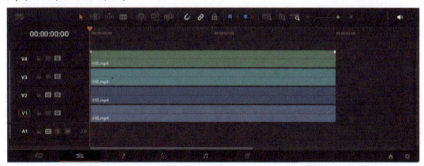

图 1-102

（6）设置初始状态。在"媒体池"面板中双击名为"雪地"的视频素材，在"源素材检视器"面板中截取同样时长的片段（可以通过输入时间码"+×××"来截取同样时长的片段），按住"Shift"键，单击任意轨道的"自动同步轨道"按钮，将所有轨道的自动同步关闭。

（7）插入片段。在初始状态下，单击"V1"按钮（或快捷键"Alt+1"），选择该轨道，将时间线上的播放头调整至2s（00：00：02：00）的位置，单击"插入片段"按钮，可以看到中间插入了4s左右的视频片段，如图1-103所示。

（8）覆盖片段。恢复至初始状态，单击"V2"按钮（或快捷键"Alt+2"），选择该轨道，将时间线上的播放头调整至2s（00：00：02：00）的位置，单击"覆盖片段"按钮，可以看到6s左右的视频片段全部覆盖到轨道上，如图1-103所示。

（9）替换片段1。恢复至初始状态，单击"V3"按钮（或快捷键"Alt+3"），选择该轨道，将时间线上的播放头调整至2s（00：00：02：00）的位置，确认"源素材检视器"面板中的播放头位于最左端0s处，单击"替换片段"按钮，可以看到从时间线的2s处开始替换，共替换了4s长的视频片段，如图1-103所示。

（10）替换片段2。恢复至初始状态，单击"V4"按钮（或快捷键"Alt+4"），选择该轨道，将时间线上的播放头调整至2s（00：00：02：00）的位置，确认"源素材检视器"面板中的播放头位于1s处，单击"替换片段"按钮，可以看到从时间线的1s处开始替换，共替换了4s长的视频片段，如图1-103所示。

图1-103

1.4.3 修剪编辑工具

修剪编辑工具（快捷键T）主要用来实现波纹剪辑操作。波纹剪辑可以简单理解为不出现空隙，相邻媒体素材会发生变化，且轨道时间线的总长度是变化的。

· 波纹：在媒体片段侧边单击并拖曳，调整该媒体片段的长度（即调整该媒体片段的入点和出点的位置），由于是波纹剪辑，因此相邻媒体片段始终保持贴合，它们之间没有空隙。标签上方显示的是位移，下方显示的是当前媒体片段的长度，如图1-104所示。"时间线检视器"面板中的双画面显示相邻媒体片段该时刻的镜头。

图1-104

· 卷动：在两个相邻媒体片段之间单击并拖曳，两个媒体片段的长度会动态同步调整，总长度不变，如图1-105所示。"时间线检视器"面板中的双画面显示相邻媒体片段该时刻的镜头。

图1-105

·滑移：在媒体片段中间的上半部分单击并拖曳，只有该媒体片段的入点和出点会同步调整，相邻媒体片段不动，如图 1-106 所示。

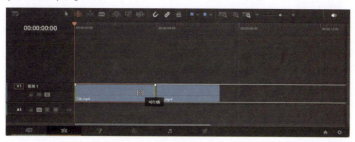

图 1-106

"时间线检视器"面板将会分为 4 个画面，上半部分为正在调整的媒体片段入点和出点的画面，会随着调整动态变化，下半部分的两个画面为左侧和右侧媒体片段的相邻点画面，如图 1-107 所示。

图 1-107

·滑动：在媒体片段中间的下半部分单击并拖曳，该媒体片段保持不动，调整相邻媒体片段的总长度不变，如图 1-108 所示。"时间线检视器"面板将会分为 4 个画面，会根据调整动态显示画面。这也是一种常见的移动时间线上媒体片段的方法。

图 1-108

1.4.4　动态修剪工具

该工具通常配合 DaVinci Resolve 的多功能键盘使用，或直接使用快捷键操作，可在循环播放的同时进行修剪，在这里我们仅做简单介绍，想要掌握该工具需多多练习。

单击"动态修剪模式"按钮（快捷键 W）。要注意此时的工具是选择工具还是修剪编辑工具，前者仅能选择素材，后者则是进行波纹剪辑操作。还要注意选择的是媒体片段（快捷键 Shift+V）还是媒体片段的编辑点（快捷键 V）。

具体操作时使用 J、K、L 键，媒体片段或编辑点就会动态调整。通常使用快捷键 "K+L" 慢速播放，而使用快捷键 "K+J" 则是慢速反向播放；或按住快捷键 "K"，再按快捷键 "L" 正向逐帧播放，同样的，按快捷键 "K" 之后再按快捷键 "J" 则是反向逐帧播放。

在修剪编辑工具下，动态修剪模式如果是滑移，则只移动媒体片段自身的余量，媒体片段整体不动；如果是滑动，则媒体片段移动。切换滑动 / 移动的快捷键是 "S"。

> 提示：在动态修剪模式工具下按空格键，不是播放整条时间线上的媒体片段，而是在媒体片段的剪辑点附近进行播放，方便检查修剪效果。

1.4.5 刀片编辑模式工具

该工具主要用来切割时间线上的视频或音频片段。使用时，在工具栏上单击 "刀片编辑模式工具"（快捷键为 B），然后使用播放头在时间线上找到需要切割的位置，确认开启 "吸附" 功能，单击该片段完成切割操作，如图 1-109 所示。

图 1-109

> 提示：可以直接使用快捷键 "Ctrl+B" 完成切割操作，先将播放头拖曳至需要切割的位置，直接按快捷键完成切割操作。如果选择兰轨道上播放头所在位置的媒体片段，则切割该媒体片段。如果没有选择，则切割播放头所在位置的所有媒体片段。

1.4.6 标记

在剪辑时经常需要面对大量的素材，如果不进行正确的标注、文字描述或颜色标记，那么大量时间就会浪费在寻找素材上面。尤其是在新版本的 DaVinci Resolve 可以进行多人项目合作后，使用标注能够帮助创作者快速找到自己的素材，继续剪辑工作。

DaVinci Resolve 中的标记分为两种，分别是 "旗标" 和 "标记"。"旗标" 标记的是整段原素材，哪怕在后期剪辑过程中，将素材剪断，被剪断的素材仍然会保留旗标，如图 1-110 所示。

甚至在素材箱中也会显示旗标，如图 1-111 所示，这就意味着可以通过不同颜色的旗标来区分不同类别的素材。

图 1-110

图 1-111

而"标记"更多的作用是在时间线上，可以把标记打在时间线上，如图 1-112 所示。

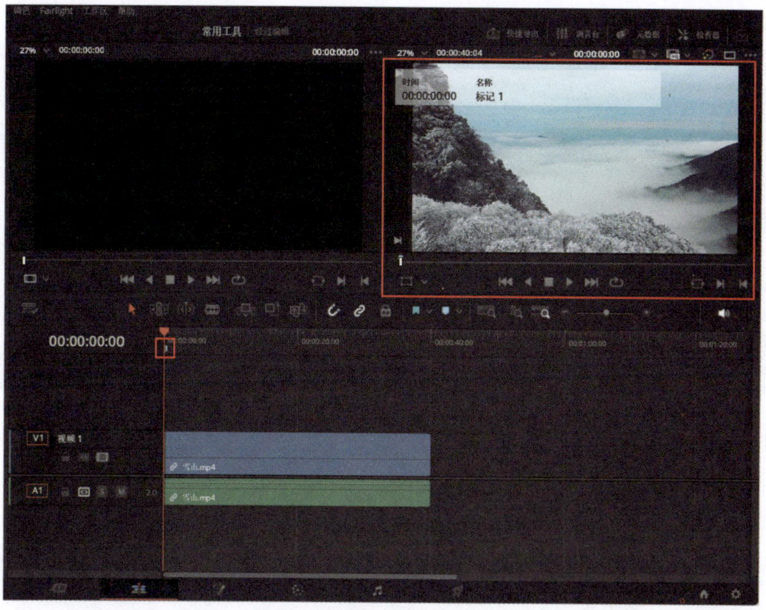

图 1-112

或者选中素材直接打在素材上面，如图 1-113 所示。标记的添加位置是根据添加标记时播放头的所处位置来决定的。

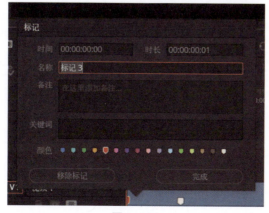

图 1-113

双击已经添加的标记可以对其进行设置，如图 1-114 所示，可以设置标记的位置时间码、时长（标记一个段落）、名称、备注、关键词、颜色等，也可以在这里移除标记。在时间线标尺的标记上右击，在弹出的菜单中执行"标记分割点"命令可以设置标记段落的入点与出点。

图 1-114

标记完成后，只需要光标滑过标记，就可以立刻得到这个素材的描述，来获得有价值的信息。不同于旗标标记整个原素材片段，标记仅作用于这个时间点，如图 1-115 所示。

图 1-115

1.4.7 工具栏中的其他工具

这里对工具栏中的其他工具进行介绍。工具栏中的工具、按钮、滑动条如图 1-116 所示。

图 1-116

·吸附工具：快捷键为"N"，方便对 meiotic 片段进行修剪操作，避免出现空隙。

·链接所选工具：将相关媒体片段，特别是音 / 视频片段进行链接或取消链接。

·位置锁定工具：单击该工具会将全部轨道锁定，防止对"时间线"面板上的媒体片段误操作。

工具栏中的最后几个为时间线视图调整按钮及时间线缩放滑动条。

02

第2章
学会这几招，巧用 DaVinci 快速出片

本章导读

　　在 DaVinci 中，用户可以对素材进行相应的编辑，使制作的影片更为生动美观。本章中我们主要介绍素材的各种编辑操作和在 DaVinci 中添加字幕的方法。通过本章的学习，读者可以熟练使用 DaVinci 进行各种编辑操作。

2.1 快慢皆宜，万物皆可变速

变速操作是视频剪辑的基本操作之一，特别是在当前非常流行的短视频的制作中经常使用。变速的方法有很多，在本节中，我们将为读者介绍变速的几种调整方式。

2.1.1 变速参数

在"剪辑"页面中，用户可以直接调整素材的变速参数来制作变速效果。单击"剪辑"页面右上角的"检查器"按钮，开启"检查器"面板，在"检查器"面板中用户可以调整各种参数，其中就包括了变速参数，如图 2-1 所示。

在该面板中，用户可以调整素材片段的播放方向，或是移动光标至"Change Speed"和"帧/秒"参数后的齿轮上，按住鼠标左键，向左或向右拖曳齿轮即可调整速度，如图 2-2 所示。

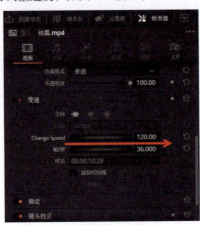

图 2-1   图 2-2

该面板中主要选项的具体作用如下：

· 方向：第一个按钮▶表示正向变速，第二个按钮◀◀表示反向变速，第三个按钮✱表示静帧。

· Change Speed：表示调整后的速度百分比，如果想将速度调整为原速度的 2 倍，那么就拖曳滑块到 200% 处或直接输入 200%。

· 帧/秒：表示每秒播放的帧数，与"Change Speed"选项同步变化。

· 时长：调整速度后，该视频片段的持续时长会同步变化。

· 波纹时间线：勾选该复选框后，在调整视频片段的同时，其余视频片段的位置会跟随调整。

· 音调校正：在速度变化时尽可能保持音调不变。

2.1.2 更改片段速度

不同于变速参数可以直接打开"检查器"面板来进行调整，如果你想要更改片段速度、对素材片段进行速度变化的调整和调整变速曲线，那么就需要在快捷菜单中开启并调整。

导入素材至剪辑项目并添加视频素材至时间线上后，右击时间线上的视频素材，展开快捷菜单，你就可以看到快捷菜单中的调整变速的相关命令，如图 2-3 所示。

图 2-3

在快捷菜单中执行"更改片段速度"命令（或是选中视频片段后按快捷键"R"），即可打开"更改片段速度"对话框，如图 2-4 所示。

　　根据素材情况，适当调整速度参数。如果时间线上有多个素材片段，那么可以勾选"波纹时间线"选项，因为提速后，视频片段在时间线上会变短，勾选该复选框后，后续的视频片段可以同步前移，避免产生空隙，如图 2-5 所示。

图 2-4　　　　　　　　　　　　　　　　　　图 2-5

　　如果有伴音，在这里用户还可以勾选"音调校正"复选框，避免因为变速而导致音调变得奇怪，让视频的观感变差。

2.1.3　变速控制

　　如果需要对一个视频片段进行速度变化的调整（例如先快后慢或时快时慢等），使用"变速控制"会更加方便。在时间线上选择需要调整的视频片段，右击该片段后展开快捷菜单，在快捷菜单中执行"变速控制"命令（或按快捷键"Ctrl+R"），在"时间线"面板上将该视频片段在垂直方向和水平方向上放大，以便于后续操作，如图 2-6 所示。

　　单击"100%"按钮，弹出的下拉列表如图 2-7 所示。

图 2-6　　　　　　　　　　　　　　　　　　图 2-7

　　如果要对视频片段整体进行变速，可以直接选择"更改速度"选项，在列表中选择速度值，如果该视频片段需要分成几部分变速，可选择"添加速度点"选项，会在该视频片段播放头所在的位置增加控制手柄，如图 2-8 所示。

图 2-8

　　·速度控制手柄：拖曳速度控制手柄可以更加精细地改变其左侧视频片段的速度。

· 速度分割手柄：拖曳速度分割手柄可以改变其在视频片段上的位置，而不会改变视频片段的速度。

可以看到，这样虽然实现了在同一个视频片段上设置不同的速度变化，但是当分割点两侧的视频片段的速度变化较大时就会产生跳变，得到的效果并不自然，这时就需要用到下面的方法进行调整。

2.1.4 变速曲线

右击该视频片段，在弹出的快捷菜单中执行"变速曲线"命令，会在视频片段下方出现"重新调整变速"曲线（如果没有显示，可以将时间线在垂直方向上放大），如图2-9所示。

该面板中较为重要的有控制点、"平滑"或"线性"按钮、平滑控制手柄、关键帧按钮 ◀◆▶ 和曲线项目下拉列表，如图2-10所示。

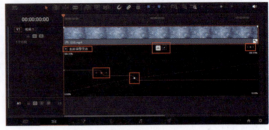

图2-9   图2-10

· 控制点：可以直接拖曳调整，在水平方向上拖曳为调整速度分割点的位置，在垂直方向上拖曳为调整速度值。两个控制点之间的线段为水平表示速度为0，斜率越大，速度的绝对值越大（也可为负）。速度的绝对值变化时，控制点左右两侧的视频片段会同步反向变化，时间线上的视频片段总长度不变。

· "平滑" ▣ 或"线性" ▨ 按钮：选择控制点，单击上面中间左侧的"平滑"按钮，会实现平滑过渡；单击"线性"按钮，则会直接变化。

· 平滑控制手柄：将控制点设置为平滑点后，会出现平滑控制手柄，向两侧拖曳可以提高平滑度。

· 关键帧按钮 ◀◆▶：单击该按钮可以在播放头所处位置添加一个控制点。

· 曲线项目下拉列表：展开后可以在这里选择曲线面板中显示的曲线，如图2-11所示。DaVinci 中的变速曲线有两种，分别为"帧变速"曲线和"变速"曲线，用户可以单击曲线面板中的曲线直接切换。切换曲线后曲线面板的左上角也会随之出现相应的变化，如图2-12所示。

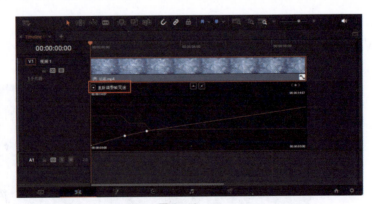

图2-11   图2-12

注意，控制点只能左右拖曳，相当于调整速度分割点的位置。两个控制点之间的线段可以上下拖曳，以调整速度值，但变化范围有限：0%~500%。控制点也可以设置为平滑过渡模式，两条曲线上的控制点设置方法相同。

2.1.5　实操：制作慢动作效果

慢动作能够很好地营造视频中的氛围感，在本小节中，我们将结合前面所学知识，使用 DaVinci 制作慢动作效果，接下来介绍详细的制作过程。

（1）新建剪辑项目后，导入名为"钢琴"的音频素材和名为"路口"的视频素材至剪辑项目中，添加素材至"媒体池"面板中，如图 2-13 所示。

图 2-13

（2）切换至"剪辑"页面中，添加名为"路口"的视频素材至"时间线"面板中，如图 2-14 所示。

图 2-14

（3）选中"时间线"面板内的视频素材，移动播放头至视频素材结束位置，在"检查器"面板中调整速度，如图 2-15 所示。

图 2-15

（4）添加名为"钢琴"的音频素材至"时间线"面板中，如图 2-16 所示。

图 2-16

（5）选中"时间线"面板中的音频素材，移动播放头至音频素材结束处，在"检查器"面板中调整其变速，如图 2-17 所示。

图 2-17

（6）根据音频素材的波形，移动播放头至 00：00：01：05 处，选中视频素材，分割视频素材，如图 2-18 所示。

图 2-18

（7）参考上一步骤，每隔 30 帧就分割视频素材一次，直至 00：00：06：35 处，如图 2-19 所示。

图 2-19

（8）按住 Ctrl 键，多选分割好的视频素材，如图 2-20 所示。

图 2-20

（9）在"检查器"面板中调整其速度，如图 2-21 所示。

图 2-21

（10）调整后移动播放头至音频素材结束处，选中视频素材，按快捷键"Ctrl+B"进行分割，并在分割后删除多余片段，使视频素材时长和音频素材时长保持一致，如图 2-22 所示。

图 2-22

（11）完成上述操作后，预览视频画面效果，如图 2-23 所示。

图 2-23

> 提示：想要慢动作短视频更有氛围感一点，就需要添加转场和特效，让速度变化的前后对比更加明显。

2.1.6　实操：制作游艇加速效果

在前面的学习中，我们学会了使用 DaVinci 中的变速曲线来制作慢动作效果，而在本小节中，我们将学习使用 DaVinci 中的变速来制作游艇加速效果，接下来介绍详细的操作。

（1）启动 DaVinci，新建剪辑项目后，导入名为"游艇"的视频素材至剪辑项目中，添加素材至"媒体池"面板中，如图 2-24 所示。

图 2-24

（2）切换至"剪辑"页面，添加素材至"时间线"面板中。移动播放头至 00：00：42：05 处，使用刀片工具，在播放头所处位置截断素材，如图 2-25 所示。

图 2-25

（3）删除多余片段，控制视频素材的时长，如图 2-26 所示。

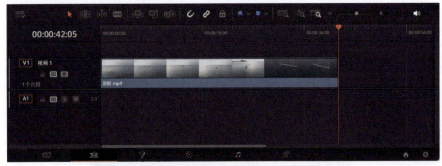

图 2-26

（4）右击"时间线"面板中的视频素材，执行"变速曲线"命令，展开曲线面板，如图 2-27 所示。

图 2-27

（5）移动播放头至 00：00：24：00 处，添加一个控制点，如图 2-28 所示。

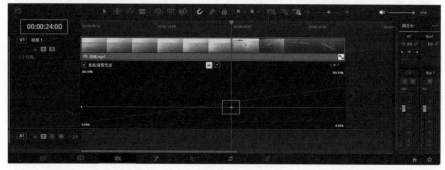

图 2-28

（6）移动播放头至 00：00：19：25 处，再次添加一个控制点，如图 2-29 所示。

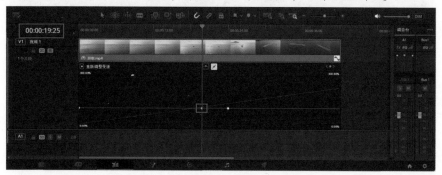

图 2-29

（7）添加控制点后，调整曲线变速，如图 2-30 和图 2-31 所示。

图 2-30

图 2-31

（8）调整两个控制点为平滑变速，让视频过渡更加自然，如图 2-32 所示。

图 2-32

（9）关闭变速曲线显示，移动播放头至 00：00：03：00 处，选中视频素材，进行分割，分割后删除时长较短的片段，控制视频素材时长，如图 2-33 所示。

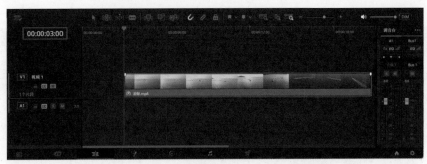

图 2-33

（10）调整视频素材的位置。添加名为"背景音乐"的音频素材至"时间线"面板中，如图 2-34 所示。

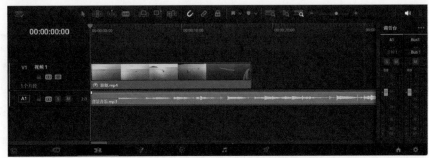

图 2-34

（11）移动播放头至 00：00：03：00 处，选中音频素材，按快捷键"Ctrl+B"进行分割，分割后删除多余片段，如图 2-35 所示，并调整素材位置。

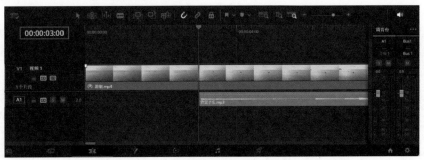

图 2-35

（12）调整位置后，移动播放头至视频素材结束处，选中音频素材，进行分割，分割后删除多余片段，使音频素材时长与视频素材时长保持一致，如图 2-36 所示。

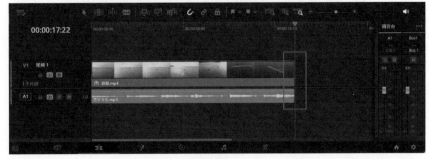

图 2-36

（13）移动播放头至 00：00：04：25 处，添加名为"海浪"的音频素材至"时间线"面板中，如图 2-37 所示。

图 2-37

（14）为了让转场效果更加自然，适当调整名为"海浪"的音频素材淡入时长，如图 2-38 所示。

图 2-38

（15）完成上述操作后，预览视频画面效果，如图 2-39 所示。

图 2-39

提示：制作加速效果可以不进行补帧操作，但制作减速效果进行补帧操作则可以让视频看起来更加自然。

————————— 拓展案例：制作曲线变速效果 —————————

请读者根据前面所学知识，使用 DaVinci 制作一个丝滑流畅的曲线变速效果视频，如图 2-40 所示。

图 2-40

2.2 巧妙转场，画面这样拼接更丝滑

DaVinci 中也能添加各种转场效果，好的转场效果能够让视频更加自然流畅。而 DaVinci 内置的多种转场效果能够满足用户的各种需求。

2.2.1 认识视频转场选项

视频转场用于将两个相邻的视频片段衔接起来，实现两个镜头之间的过滤效果。而想要在 DaVinci 中添加视频转场效果则需要用到"剪辑"页面中的"效果"面板。

单击"剪辑"页面中"媒体池"面板上方的"特效库"按钮▓，如图 2-41 所示。即可展开"特效库"面板，在工具箱分类下，能够看到视频转场选项，如图 2-42 所示。

| 图 2-41 | 图 2-42 |

视频转场主要包括叠化、光圈、运动、形状、划像、Fusion 转场，Resolve FX 转场等类型。让光标在效果按钮条上滑动，即可在"检视器"面板中预览转场效果。将视频转场直接拖曳到"时间线"面板的两个视频片段之间即可应用；或移动播放头至两个相邻视频片段之间，双击视频转场名称，即可应用，如图 2-43 所示。

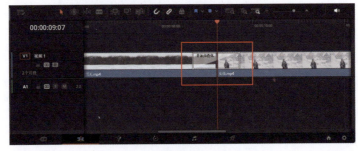

图 2-43

视频转场不仅可以添加在两段视频素材的衔接处（剪辑点），也可以添加在视频素材的两端，如图 2-44 所示。

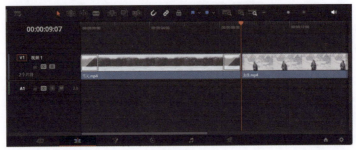

图 2-44

需要注意的是，如果用户想要在 DaVinci 中为视频素材添加视频转场，添加转场效果的视频片段应留有余量，这样方便制作转场效果。在 DaVinci 中，我们常常使用标记入点与出点来筛选视频素材，为了方便，将入点与出点之间，添加在"时间线"面板中的素材称之为使用量，而在入点与出点之外的素材则是余量，如图 2-45 所示。

如果只需要添加默认的转场效果（默认转场效果为"交叉叠化"），则先用选择工具单击相邻片段之间的剪辑点，使其处于选中状态，然后执行"时间线 > 添加转场"命令（快捷键为"Ctrl+T"）完成操作，如图 2-46 所示。

图 2-45　　　　　　　　　　　　　　　　图 2-46

在转场效果上右击，展开快捷菜单，执行"添加到收藏"命令，便于后续使用此转场效果；执行"设置为标准转场"命令，可以将其设置为快捷键添加转场时的默认转场效果；执行"添加到所选编辑点和片段"命令，可以在视频轨道的视频片段或剪辑点上应用该转场效果。

> 提示：如果需要在多个视频片段之间添加转场效果，可以使用修剪编辑工具（快捷键为 T）在视频轨道上框选需要添加转场效果的视频片段。这样相邻片段之间的剪辑点将会被选中，然后使用快捷键"Ctrl+T"完成操作。

添加转场效果后，你可以对其参数进行调整，以得到满意的效果。

调整转场效果参数有两种方法，一种是直接在"时间线"面板的转场片段两端拖曳调整，修改转场时长，如图 2-47 所示；另一种则是选中该转场效果后，展开"检查器"面板，自动进入"转场"面板，在这里进行详细的参数设置，如图 2-48 所示。

图 2-47　　　　　　　　　　　　　　　　图 2-48

2.2.2　实操：制作椭圆展开特效

在 DaVinci 中，"光圈"转场组中共有 7 个转场效果，应用其中的"椭圆展开"转场效果，可以从素材 A 画面中心以圆形光圈过渡展开显示素材 B，接下来我们介绍详细的操作过程。

（1）启动 DaVinci，新建剪辑项目之后，导入两段视频素材至剪辑项目中，添加素材至"媒体池"面板中，如图 2-49 所示。

（2）切换至"剪辑"页面，选中名为"素材 1"的素材，在"源素材检视器"面板中，为其添加入点与出点，如图 2-50 所示。其中入点位置为 00：00：01：15，出点位置为 00：00：09：20，添加入点与出点后，将其添加至"时间线"面板中。

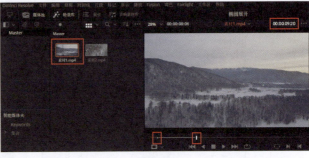

图 2-49   图 2-50

（3）选中名为"素材 2"的素材，在"源素材检视器"面板中，为其添加入点与出点，如图 2-51 所示。其中入点位置为 00：00：02：25，出点位置为 00：00：07：25，添加入点与出点后，将其添加至"时间线"面板中。

（4）单击"媒体池"面板上方的"特效库"按钮，展开"特效库"面板，单击"工具箱"选项下的"视频转场"选项，在选项面板中，选择"椭圆展开"转场，如图 2-52 所示。

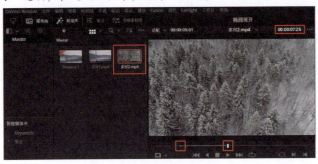

图 2-51   图 2-52

（5）按住鼠标左键，将选择的转场拖曳至"时间线"面板中的两个素材之间的剪辑点上，如图 2-53 所示。

图 2-53

（6）释放鼠标左键，即可添加"椭圆展开"转场效果，双击"时间线"面板中的转场效果，展开"检查器"面板，在"转场"选项面板中，设置"边框"参数为 15.000，如图 2-54 所示。

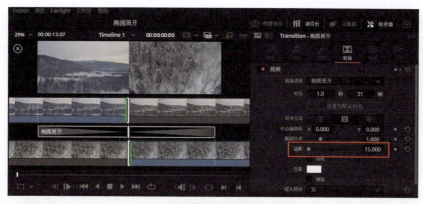

图 2-54

（7）单击"色彩"右侧的色块，弹出"选择颜色"对话框，在"基本颜色"选项区中，选择合适的颜色色块，单击"OK"按钮，即可为边框设置颜色，如图 2-55 所示。在"检视器"面板中能够预览制作的视频效果。

（8）完成上述操作后，预览视频画面效果，如图 2-56 所示。

图 2-55

图 2-56

2.2.3　实操：制作单向滑动转场

在 DaVinci 中，应用"运动"转场组中的"滑动"转场效果，即可制作单向滑动视频特效，接下来我们介绍详细的制作过程。

（1）启动 DaVinci，新建剪辑项目后，导入视频素材至剪辑项目中，添加素材至"媒体池"面板中，如图 2-57 所示。

图 2-57

（2）切换至"剪辑"页面，选中素材 1，在"源素材检视器"面板中添加入点与出点，其中入点位置为 00：00：01：15，出点位置为 00：00：09：05，如图 2-58 所示。添加好入点与出点后，添加素材至"时间线"面板中。

图 2-58

（3）选中素材 2，在"源素材检视器"面板中为其添加入点与出点，入点位置为 00：00：20，出点位置为 00：00：09：20，如图 2-59 所示，添加入点与出点后，添加素材至"时间线"面板中。

图 2-59

（4）单击"特效库"按钮 ，展开"特效库"面板，在"工具箱"中的"视频转场"选项栏下的运动分类下，选择"滑动"转场，如图 2-60 所示。

（5）按住鼠标左键，将选择的转场拖曳至两段素材之间的剪辑点上，如图 2-61 所示。

图 2-60   图 2-61

（6）释放鼠标左键，即可添加"滑动"转场，双击转场效果，展开"检查器"面板，在转场选项面板中，单击"预设"下拉按钮，如图 2-62 所示。

（7）在弹出的列表框中选择"滑动，从右往左"选项，如图 2-63 所示。

图 2-62

图 2-63

（8）完成上述操作后，预览视频画面效果，如图 2-64 所示。

图 2-64

2.2.4 实操：制作无缝转场效果

无缝转场效果一般是使用"交叉叠化"效果进行制作。在 DaVinci 中，"交叉叠化"转场效果是将素材 A 的不透明度从 100% 转变到 0，素材 B 的不透明度从 0 转变到 100% 的一个过程。接下来我们详细介绍制作无缝转场效果的操作过程。

（1）启动 DaVinci，新建剪辑项目，导入两段素材至剪辑项目中，添加素材至"媒体池"面板中，如图 2-65 所示。

（2）切换至"剪辑"页面，选中素材 1，在"源素材检视器"面板中，为其添加入点与出点，其中入点位置为 00：00：00：00，出点位置为 00：00：05：14，如图 2-66 所示，添加完成后添加素材 1 至"时间线"面板中。

图 2-65

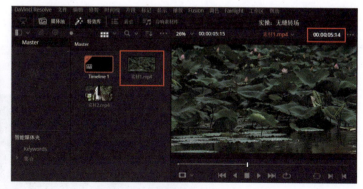
图 2-66

（3）选中素材 2，在"源素材检视器"面板中，为其添加入点与出点，其中入点位置为 00：00：02：15，出点位置为 00：00：10：04，如图 2-67 所示，添加完成后添加素材 2 至"时间线"面板中。

图 2-67

（4）展开"特效库"面板，在"工具箱"的"视频转场"选项栏的"叠化"分类下，选择"交叉叠化"效果，如图 2-68 所示。

（5）按住鼠标左键，将选择的转场拖曳至视频轨道中的两个素材之间的剪辑点上，如图 2-69 所示，释放鼠标左键，即可添加"交叉叠化"转场效果。

图 2-68

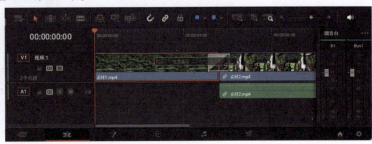

图 2-69

（6）完成上述操作后，预览视频画面效果，如图 2-70 所示。

图 2-70

2.2.5 实操：制作百叶窗特效

在 DaVinci 中，"百叶窗划像"转场效果是"划像"转场类型中最常用的一种，是指素材以百叶窗翻转的方式进行过渡。接下来我们介绍制作百叶窗转场特效详细的制作方法。

（1）启动 DaVinci，新建一个剪辑项目，导入一段素材至剪辑项目中，添加该素材至"媒体池"面板中，如图 2-71 所示。

图 2-71

（2）切换至"剪辑"页面，将素材直接拖曳至"时间线"面板中，如图 2-72 所示。

图 2-72

（3）单击"特效库"按钮 ，展开"特效库"面板，在划像分类下，选择"百叶窗划像"转场，如图 2-73 所示。

图 2-73

（4）按住鼠标左键，将选择的转场拖曳至"时间线"面板中的素材末端，如图 2-74 所示。

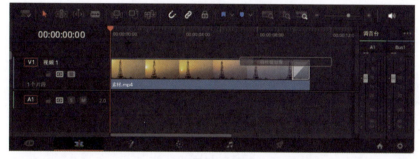

图 2-74

（5）释放鼠标左键即可添加"百叶窗划像"转场效果。选择素材上已经添加的转场，将鼠标移至转场左边的边缘线上。当光标出现变化时，按住鼠标左键并向左拖曳，至合适位置后释放鼠标左键，即可增加转场时长，如图 2-75 所示。

图 2-75

（6）完成上述操作后，预览视频画面效果，如图2-76所示。

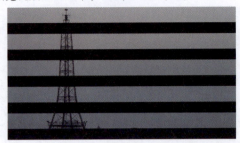

图 2-76

───────── 拓展案例：制作油画笔刷效果 ─────────

在本节中，我们学习了转场效果的添加与调整，请读者参考前面的实操部分，结合所学知识，尝试上手制作油画笔刷转场效果视频，如图2-77所示。

图 2-77

2.3　添加字幕，让视频图文并茂

标题字幕在视频编辑中是不可缺少的，它是视频中的重要组成部分。在视频中加入一些说明性的文字，能够有效地帮助观众理解视频的含义。本节中我们主要介绍制作视频标题的各种方法，帮助大家轻松制作出各种精美的标题字幕效果。

2.3.1　添加标题字幕

在 DaVinci 中，用户想要添加标题字幕可以使用 DaVinci 为用户准备好的多种预设。

单击"特效库"按钮，在"特效库"面板的"工具箱"面板中，"标题"选项栏下有多种标题字幕预设，如图2-78所示。

图 2-78

当用户选中某一效果时，在"检视器"面板中会预览该效果，如图 2-79 所示。

图 2-79

选中某一效果，按住鼠标左键，将其拖曳至"时间线"面板中，即可添加该效果，同时在"检视器"面板中也会预览添加后的效果，如图 2-80 所示。

图 2-80

在"标题"选项栏下有多种分类，例如"Fusion 标题""字幕"，如图 2-81 和图 2-82 所示。

图 2-81　　　　　　　　　　　　　　　图 2-82

使用"Fusion 标题"添加字幕不仅可以在"检查器"面板中修改相应的参数获得更好的字幕效果，

也可以在"Fusion"页面中进行调整。

而使用"字幕"添加字幕，就与前面两种字幕有所区别，它添加的是全新的字幕轨道，如图 2-83 所示。

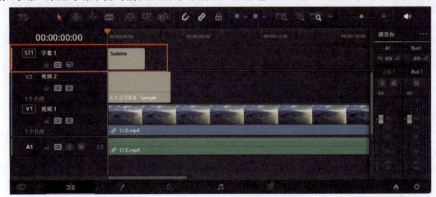

图 2-83

这种方式添加字幕适用于为视频全程添加字幕，其优点是简单、直观，而且字幕风格统一，修改方便快捷。除了上面介绍的添加方法，用户还可以在"时间线"面板的轨道左侧右击，展开快捷菜单，执行"添加字幕轨道"命令，如图 2-84 所示。

图 2-84

执行该命令后，在视频轨道上方会出现字幕轨道。在字幕轨道上右击，在快捷菜单中执行"添加字幕"命令，如图 2-85 所示。

图 2-85

执行该命令后，字幕轨道上会出现一段长 3s 的字幕片段，如图 2-86 所示。

图 2-86

2.3.2　设置字幕样式

双击该字幕片段，DaVinci 会自动展开"检查器"面板，在"检查器"面板中会出现相关参数。选择"标题"标签，在面板下方可以设置字幕内容、字体、字形、大小、字体样式等，如图 2-87 所示。除了这些还可以设置字幕的描边、投影和背景，如图 2-88 所示。应注意的是，这里的修改会对整个字幕轨道上的所有字幕片段生效，这也是字幕轨道的最大优势。

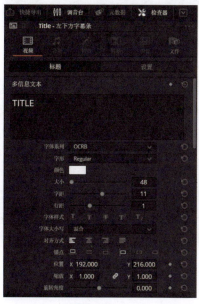

图 2-87

图 2-88

2.3.3　实操：制作字幕淡入淡出效果

淡入淡出是指标题字幕以淡入淡出的方式显示或消失的动画效果，这种动画效果较为自然，能让视频中的字幕观感更好。下面介绍制作淡入淡出字幕运动效果的操作方法。

（1）启动 DaVinci，新建剪辑项目后，导入一段名为"雪地"素材至剪辑项目中，添加素材至"媒体池"面板中，如图 2-89 所示。

（2）切换至"剪辑"页面，添加素材至"时间线"面板中。添加素材后，单击"特效库"按钮，展开"特效库"面板，在工具箱中的"标题"选项栏下选中合适的标题样式，如图 2-90 所示。

图 2-89

图 2-90

（3）拖曳选中的样式至"时间线"面板上，如图 2-91 所示。

图 2-91

（4）双击刚刚添加的字幕，展开"检查器"面板，调整字幕的各项参数，如图 2-92 和图 2-93 所示。

图 2-92

图 2-93

（5）为了让字幕看起来更加立体，也为了字幕在画面中更加突出，所以我们适当调整字幕的阴影参数，如图 2-94 所示。

（6）单击"检查器"面板中的"设置"选项，切换至"设置"选项栏，如图 2-95 所示。

图 2-94

图 2-95

（7）在"设置"选项栏的"合成"选项区中，拖曳"不透明度"右侧的滑块，直至参数显示为 0.00，并添加一个关键帧，如图 2-96 所示。

图 2-96

（8）在"时间线"面板中拖曳播放头至 00：00：00：20 处，如图 2-97 所示。

图 2-97

（9）单击"不透明度"右侧的关键帧按钮，添加关键帧后调整不透明度参数为 100.00，如图 2-98 所示。

图 2-98

（10）拖曳"时间线"面板中的播放头至 00：00：04：05 处。单击"不透明度"右侧的关键帧按钮，添加第三个关键帧，如图 2-99 所示。

图 2-99

（11）拖曳"时间线"面板中的播放头至00：00：05：00处，单击"不透明度"右侧的关键帧按钮，添加第四个关键帧，并调整不透明度参数为0.00，如图2-100所示。

图 2-100

（12）选中"时间线"面板中的视频素材和音频素材，右击展开菜单，执行"链接片段"命令，如图2-101所示。

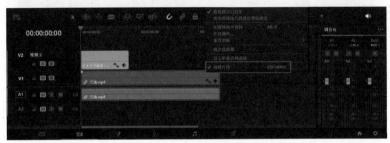

图 2-101

（13）完成上一步骤后，删除"时间线"面板中的音频素材，如图2-102所示。

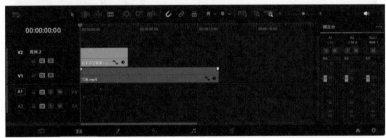

图 2-102

（14）添加名为"下雪"的音频素材至"媒体池"面板后，添加该素材至"时间线"面板中，并调整音频素材的时长，与视频素材的时长保持一致，如图2-103所示。

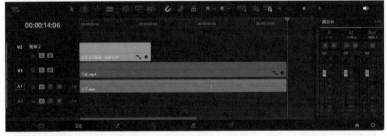

图 2-103

（15）添加名为"转场"的音频素材至"媒体池"面板中，添加该素材至"时间线"面板中，如图2-104所示。

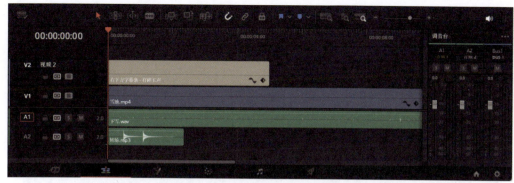

图 2-104

（16）完成上述操作后，预览视频画面效果，如图 2-105 所示。

图 2-105

2.3.4　实操：制作逐字显示效果

在 DaVinci 的"视频"选项栏中，用户可以在"裁切"选项区中，通过调整相应参数制作逐字显示效果，接下来介绍详细的制作方法。

（1）启动 DaVinci，新建剪辑项目，导入一段名为"红叶"的素材至剪辑项目中，添加素材至"媒体池"面板中，如图 2-106 所示。

（2）切换至"剪辑"页面，添加素材至"时间线"面板中。单击"特效库"按钮，展开"特效库"面板，在"工具箱"中的"标题"分类下，选择合适的字幕预设，如图 2-107 所示。

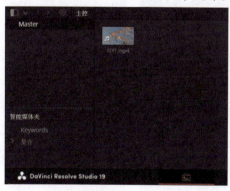

图 2-106

图 2-107

（3）拖曳选择的预设至"时间线"面板中，如图 2-108 所示。

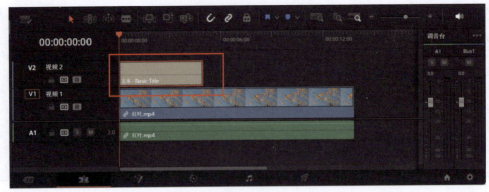

图 2-108

（4）选中"时间线"面板中的字幕，展开"检查器"面板，修改字幕内容和参数，如图 2-109 和图 2-110 所示。

图 2-109

图 2-110

（5）调整完成后，单击"设置"选项，切换至"设置"选项栏，在"裁切"选项区中，拖曳"裁切右侧"右侧的滑块至最右端，设置"裁切右侧"参数为最大值，如图 2-111 所示。

（6）调整参数后，单击"裁切右侧"右侧的关键帧按钮，添加一个关键帧，如图 2-112 所示。

图 2-111

图 2-112

（7）移动"时间线"面板中的播放头至 00：00：02：00 处，调整"裁切右侧"参数，并添加第二个关键帧，如图 2-113 所示。

（8）完成上述操作后，预览视频画面效果，如图 2-114 所示。

图 2-113

图 2-114

拓展案例：制作片尾滚动字幕

在影视画面中，当一部影片播放完毕后，在片尾通常会播放这部影片的导演、演员等信息。请读者结合前面所学知识，使用 DaVinci 制作一个片尾滚动字幕视频，如图 2-115 所示。

图 2-115

03

第3章

掌握DaVinci实用调色
技巧，新手秒变高手

本章导读

　　调色是DaVinci最核心、最主要的功能之一。在开始调色的学习之前要强调的是，这里的调色不是简单地改变视频的色彩，而是客观、准确地还原色彩。调色是一门科学，同时也是一门艺术。调色师的"色彩魔法"能够使观众沉浸在画面营造的氛围中。色彩的应用可以通过学习来掌握，而调色工作则需要更多的实践。

3.1　色彩管理基础知识

要保证完成的视频在不同的播放终端都能够呈现出相对理想的色彩，就需要进行科学的色彩管理，学习 DaVinci 调色必须了解其是如何进行色彩管理的。DaVinci 的色彩管理称为 Resolve Color Management，缩写为 RCM。DaVinci 提供了简化的设置方法，更加便于用户操作。

本节我们不讲解色彩美学知识，主要介绍计算机色彩科学的相关基础知识。读者需要学习在 DaVinci 中设置工作环境的方法，以满足各种工作环境对媒体格式的要求，从而科学、严谨地完成调色工作。

3.1.1　色彩空间

色彩空间通常称为色域，简单地理解就是将各种色彩用一组空间数值表示。现在通常说的 CIE 1931 XYZ 色彩空间是基于人眼识别能力建立的，在平面上体现为马蹄形，如图 3-1 所示。不同的显示要求在此基础上进行了相应的划定。

色彩空间，也称色域，简单地理解就是将各种色彩用一组空间数值表示。现在通常说的 CIE 1931 XYZ 色彩空间是基于人眼识别能力建立的，在平面上体现为马蹄形，如图 3-1 所示。不同的显示标准在此基础上进行了特定的界定。

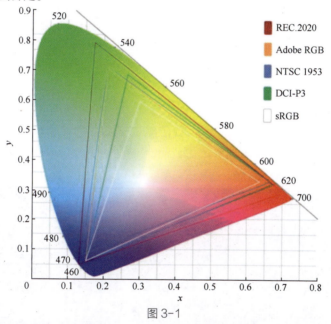

图 3-1

不同的色域在显示颜色时也会有所不同。在选择显示器时，应注意显示器的色域范围，选择合适的色域，并使用校色文件，这样可以使显示器的色彩更加贴近真实的色彩。

3.1.2　Gamma曲线

自然界中的亮度用测光仪的测试结果来表示是线性的，也就是自然光的亮度和测光设备的数值是按照线性关系增长的，表现为 Linear（线性 Gamma，或者 Gamma 1.0）曲线，如图 3-2 所示中的虚线。

人眼对光线亮度的感受呈现非线性特征，对暗部变化更为敏感，对亮部变化相对迟钝。例如，在极暗环境下，微弱的亮光即可使人眼辨识周边环境轮廓；而同样的光强置于日光环境中，人眼几乎难以察觉其变化。这种感知特性符合数学上的对数曲线规律，称为 Log（对数 Gamma）曲线，如图 3-2 中的蓝色曲线所示。同理，胶片感光特性也遵循这种对数关系，即曝光量与胶片不透明度呈对数关系，这与人类视觉系统的光线感知特性趋于一致。在数字影像时代，为在有限存储空间内保留更大的动态范围，特别是电影级摄像机，普遍采用 Log 曲线进行影像记录。

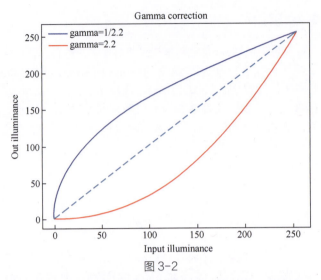

图 3-2

电视或显示设备正好相反，如果需要将 Log 图像调整为正常状态，就要加一个指数曲线，如图 3-2 中的红线所示。例如，经常看到的 Gamma 2.2 或 2.4 等，就可以用人眼看到的显示器上的图像将 Log 图像的色彩还原为更接近的真实世界的色彩（当然也会存在一些差距）。

电视或显示设备正好相反，如果需要将 Log 图像调整为正常状态，就要加一个指数曲线，如图 3-2 中的红线所示。例如，在显示设备上常见的 Gamma 2.2 或 2.4 等参数设置，就是通过特定的指数曲线转换，将 Log 格式记录的图像信息转换为更接近人眼感知的真实世界色彩（当然也会存在一些差距）。

3.1.3 DaVinci的色彩管理

在进行调色前，需要按照视频的采集和播放环境进行科学预设。具体在"项目设置"对话框中选择"色彩管理"选项，在"色彩空间 & 转换"栏中找到"色彩科学"下拉列表，默认选择"DaVinci YRGB"选项，如图 3-3 所示，制作一般的视频，选择该选项就够用了。

图 3-3

> 提示：计算器显示器通常使用的是 sRGB 色域，Gamma 2.2，白点 D65 这些设置，而近年来开始普及的 HDR 视频的制作主要包括"杜比视界"（Dolby Vision）、HDR10 和 HLG 这 3 种格式，通常使用 Rec.2020 色域。在制作视频时，用户可以根据自身需求进行选择。

DaVinci 中提供了一些色彩空间的预设选项，便于用户进行简单的设置。将"色彩科学"设置为"DaVinci YRGB Color Managed"，如图 3-4 所示。

图 3-4

当用户选择该选项后，DaVinci 会默认开启"自动色彩管理"功能。取消勾选"自动色彩管理"复选框，可以看到"色彩处理模式"下拉列表，其中有一系列预设选项，如图 3-5 所示。

图 3-5

3.2　DaVinci调色入门，对画面进行一级校色

色彩在视频编辑中，往往可以给观众留下良好的第一印象，并在某种程度上抒发一种情感。但由于素材在拍摄和采集的过程中，往往会遇到一些很难控制的环境光照，使拍摄出来的源素材色感欠缺，层次不明，在这种时候就需要对画面进行调色，使画面恢复应有的状态。

调色的第一步，就是对画面进行一级校色。简单来说，就是让画面中的颜色显现出应有的颜色。

3.2.1　掌握"示波器"

人眼观察过于主观，设备显示效果也是千差万别，除了要尽可能使用标准调色设备外，学会看示波器也很重要。通过示波器，能够减少显示设备对调色师的影响。

示波器有专用的硬件设备，也可以由软件实现。DaVinci 使用 GPU 加速，开发出了各类示波器供用户选择，这些示波器的延时低，效果也非常好。

1."示波器"面板的界面基础

单击工作区右下方的"示波器"按钮，即可切换至"示波器"面板，如图 3-6 所示。由于界面的限制，这里仅显示一种示波器。如果想要切换示波器类型，则需要展开示波器类型下拉列表，如图 3-7 所示，DaVinci 为用户提供了总共 5 种不同的示波器类型，分别是"分量图""波形图""矢量图""直方图""CIE 色度图"。

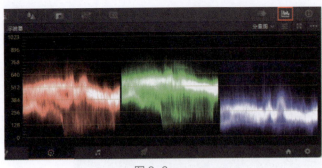 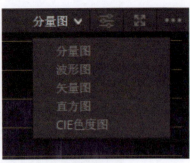

图 3-6   图 3-7

"示波器"面板可以放大显示（或拖曳到分屏的独立显示设备上）。单击"示波器"面板中的"拓展"
按钮▦，展开后即可显示四分屏画面，可以设置 4 类示波器同时显示。而 DaVinci 在不断地版本更新中，
推出了九分屏画面，需要先拖曳面板的一角，将面板扩大，然后单击面板右上角的"九分屏"按钮▦，
即可使用九分屏面板查看各类型示波器，如图 3-8 所示。

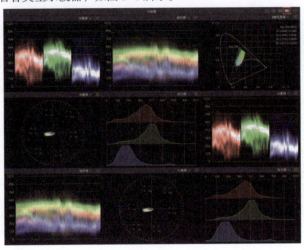

图 3-8

2. 波形图

波形图表示的是图像亮度的分布情况，横坐标与图像的横向位置相对应，纵坐标则表示了图像上该
位置纵向像素亮度的分布情况，默认按照 10bit（相当于 2^{10}）的亮度级别细分。天空区域和波形图中顶部
红色方框框住的亮度区域相对应，如图 3-9 所示。右侧较暗的山区和波形图右侧白色方框框住的亮度区
域相对应，如图 3-10 所示。

单击波形图的"设置"按钮▦，弹出的面板如图 3-11 所示。

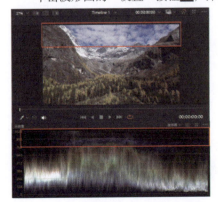   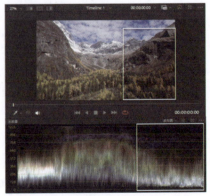   

图.3-9   图 3-10   图 3-11

面板顶部有三个标签，即 Y、CbCr 和 RGB。

· 着色：勾选该复选框，可以为亮度波形图加上色彩信息，便于观察。

· 范围：勾选该复选框，即可显示轮廓线。

· 亮度滑块：用来调整波形图或标线的亮度。

· 显示参考级别标线：勾选该复选框后可以在上部和下部增加两条参考线，具体位置可以通过滑块进行调整。

3. 分量图

分量图可以简单理解为把波形图按照红色、绿色、蓝色独立出来。横坐标是每个色彩对应的图像位置，也就是说与图像的横边一一对应；纵坐标是该色彩的亮度信息如图 3-12 所示。

单击分量图的"设置"按钮██，弹出的面板顶部有 3 个标签，如图 3-13 所示。单击相应的标签可以切换成 RGB 三分量图、含一个单独亮度通道的 YRGB 或 YCbCr 三分量图，其他选项与波形图的选项基本相同。

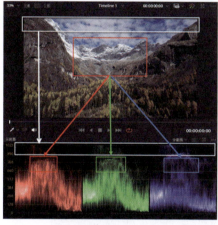　

图 3-12　　　　　　　　　　　　　　　　图 3-13

4. 矢量图

矢量图表示的是图像的色相和饱和度，如图 3-14 所示。圆盘中的 6 个正方形分别表示 R、G、B、C、M、Y 这 6 个色相的方向，距离圆心越近表示色彩的饱和度越低，距离圆心越远表示色彩的饱和度越高。达到 6 个小方框的位置时，表示色彩的饱和度是 75%。

图 3-14

DaVinci 在版本更新中升级了矢量图示波器，单击"示波器"面板的"设置"按钮██，在弹出的下拉列表的"矢量图比例样式"中选择"色相矢量"选项和"75%+100% 靶向"选项，如图 3-15 所示，新矢量图示波器的外观更加简洁直观，用户可以根据自身需求选择。

矢量图的设置与之前大同小异，有两个复选框较为常用：一个是"显示 2 倍缩放"，勾选该复选框可以将图形放大，便于观察；另一个是"显示肤色指示线"，勾选后会出现一条辅助线，用来指示肤色的色相矢量方向，便于调色时使用，如图 3-16 所示。

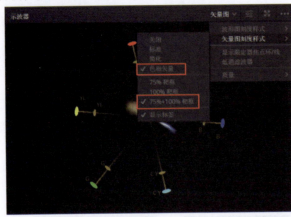 

图 3-15　　　　　　　　　　　图 3-16

5. 直方图

直方图的横轴表示的是亮度，纵轴表示的是相同亮度的像素的数量，如图 3-17 所示，与 Photoshop 中的直方图类似。直方图按照三基色独立显示，可以直观地看出画面是集中在暗部、中部、亮部，还是均匀分布，这也就是常说的画面的调性。

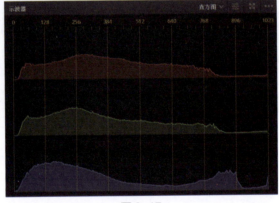

图 3-17

单击"设置"按钮 ，可以在弹出的下拉列表中选择"YRGB"选项，再增加一个亮度直方图。

6. CIE 色度图

在 CIE 色度中可以直观地看到图像在哪个区域，如图 3-18 所示，当前图像处在 Rec.709 色域中，通过改变输出色域，可以调整图像效果。

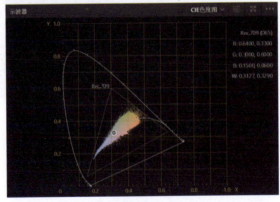

图 3-18

单击"设置"按钮█，展开"附加色域"下拉列表，如图 3-19 所示，在这里可以选择其他色域来辅助查看。这里也是学习色彩空间知识的好地方，例如选择"Rec.2020"色域，其范围就比 Rec.709 色域的范围大很多，如图 3-20 所示。

图 3-19

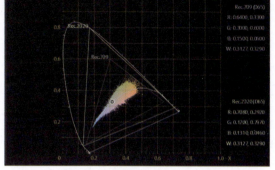

图 3-20

3.2.2　上手"色轮"

"色轮"标签页又称为"一级·校色轮"标签页，该标签页主要用来进行色彩的调整，如图 3-21 所示。该标签页通常配合调色设备使用，是 DaVinci 的核心。在不断地更新中，DaVinci 的"色轮"标签页也出现了变化，原有的"色调""色温""对比度""饱和度"等参数不再分组显示，而是显示在同一标签页中，便于使用。

图 3-21

单击右上方的按钮可以在"校色轮""校色条""Log 色轮"3 种模式之间进行切换，在更老版本的 DaVinci 中则是在右侧的下拉列表中切换。

该标签页上任何一个参数的调整，都会在色轮上产生一个小红点，提示有参数变化。

"色轮"标签页的右上角有"全部重置"按钮，每个标签页在类似的位置都有该按钮，用来还原在该标签页中进行的所有调色工作。

1. "校色轮"标签页

标签页中最主要的 4 个色轮分别为"暗部"（Lift）、"中灰"（Gamma）、"亮部"（Gain）、"偏移"（Offset）。

这里可以简单理解为"暗部"色轮主要用于调整画面的暗调区域，"中灰"色轮主要用于调整中间色调区域，"亮部"色轮主要用于调整亮调区域，但三者并不是严格区分的，而是相互影响的。"暗部"色轮的影响力从暗部到亮部呈线性衰减；"中灰"色轮对于中间色调区域的影响较大，到暗部和亮部按照 Gamma 曲线衰减；"亮部"色轮的影响力从亮部到暗部呈线性衰减，影响力曲线如图 3-22 所示。

"中灰"色轮如图 3-23 所示。

77

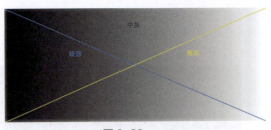

图 3-22   图 3-23

·色彩平衡指示点：初始位于正中心，该点用于指示色彩平衡的位置，可以在色轮中任意拖曳，或按住 Shift 键直接在色轮中需要调节色彩平衡的位置单击并进行调节。

·YRGB 参数：在调节色彩平衡指示点时，该参数会同步变化。DaVinci 中可以直接修改 YRGB 参数，也可以直接拖曳、双击后输入或双击后使用方向键调整数值。双击参数下部的彩色横条可以恢复数值。

·主旋钮：用来调整亮度，YRGB 参数会同步变化。向左拖曳主旋钮画面会变暗，向右拖曳画面会变亮，且色轮外部有明暗光圈以同步指示变化。按住 Alt 键拖曳，只影响 Y 参数的数值（也可以直接拖曳 Y 参数调整）。

·重置：每个色轮的右上角都有一个"重置"按钮◎，如果感觉色彩调节效果与预期相差较大，则可以单击该按钮，然后重新调整。

面板中其他按钮和参数的介绍如下。

·选取黑点◌和选取白点◌：单击这两个按钮后，在"检视器"面板中找到想要作为最暗点或最亮点的位置并单击，画面会自动进行调节，通常可以打开"显示拾色器 RGB 值"辅助观察。

·白平衡◌：单击该按钮后，在"检视器"面板的画面上选取应该是或想要它是白色的位置并单击，画面会自动调整白平衡。

·自动平衡◎：单击该按钮后，画面会自动进行色彩平衡调整。

2. "校色条"标签页

该标签页与"校色轮"标签页基本相同，只是 4 个色轮变成了独立通道的彩条，如图 3-24 所示，上下拖曳滑块，可以调整每个通道的数值。

图 3-24

3. "Log 色轮"标签页

该标签页与"校色轮"标签页类似，但前 3 个色轮的调节范围不一样，这里 3 个色轮分别为"阴影"（Shadow）、"中间调"（Midtone）、"高光"（Highlight），如图 3-25 所示。

Log 色轮的影响力曲线如图 3-26 所示。该标签页通常用于对 RAW 格式的素材的高光和阴影部分进行调整，影响力重合部分可以通过"低范围"参数和"高范围"参数来调整。

图 3-25   图 3-26

3.2.3 实操：使用镜头匹配为旅拍风景调色

DaVinci 拥有镜头匹配功能，可以对两个片段进行色调分析，自动匹配效果较好的视频片段。镜头匹配是每个调色师的必学基础课，也是一个调色师经常会遇到的难题。对一个单独的视频镜头进行调色可能还算容易，但要对整个视频进行统一的调色就相对较难了，而镜头匹配功能则能帮助我们快速统一画面色调风格。

（1）启动 DaVinci，新建剪辑项目后，导入名为"森林"和"雪山"的视频素材至剪辑项目中，添加两段素材至"媒体池"面板中，如图 3-27 所示。

（2）切换至"剪辑"页面，添加两段素材至"时间线"面板中，如图 3-28 所示。

图 3-27

（3）切换至"调色"页面，选中名为"森林"，编号为 01 的视频素材，右击名为"雪山"，编号为 02 的视频素材，展开快捷菜单后执行"与此片段进行镜头匹配"命令，如图 3-29 所示。

图 3-28   图 3-29

（4）完成上述操作后，预览视频画面效果，调色前后对比如图 3-30 和图 3-31 所示。

图 3-30   图 3-31

3.2.4 实操：应用LUT为天空调色

刚开始接触调色的小白经常能够看到各种 LUT 分享，这些 LUT 别具一格，并且操作也很简单，能够快速实现风格化调色，DaVinci 作为一款调色为核心的剪辑工具，自然也能导入 LUT 进行调色。接下来我们介绍详细的制作过程。

（1）启动 DaVinci，新建剪辑项目后，导入一段名为"湖泊"的视频素材，添加该素材至"媒体池"面板中，如图 3-32 所示。

（2）按快捷键"Shift+9"，打开"项目设置"对话框，单击"色彩管理"选项，切换至"色彩管理"面板，单击"打开 Lut 文件夹"按钮，如图 3-33 所示。

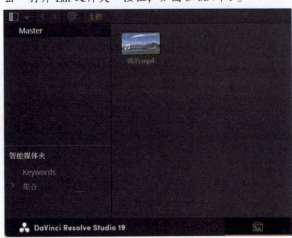 

图 3-32　　　　　　　　　　　　　　图 3-33

（3）单击该按钮后，会弹出 DaVinci 默认的保存 LUT 的文件夹位置，如图 3-34 所示，将下载好的 LUT 文件复制粘贴至该文件夹中，即可导入 LUT 文件。

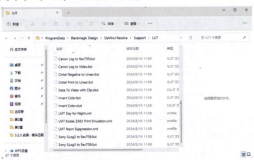

图 3-34

（4）导入完成后，返回"色彩管理"面板，单击"更新列表"按钮，如图 3-35 所示，即可在 DaVinci 中使用 LUT 进行调色。

图 3-35

（5）应用后返回"媒体"页面，右击"媒体池"面板中的视频素材，展开快捷菜单，执行"LUT"命令，在列表中选择 LUT 即可应用，如图 3-36 所示。

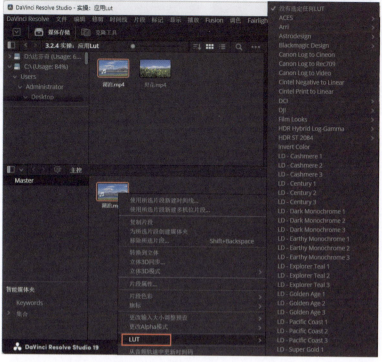

图 3-36

（6）应用 LUT 进行调色后，视频画面对比如图 3-37 和图 3-38 所示。

图 3-37

图 3-38

3.2.5　实操：使用RGB混合器为风景调色

RGB 混合器是在一级校色过程中经常使用的一个工具。它具有红色输出、绿色输出和蓝色输出 3 组颜色通道，每组颜色通道都有 3 个滑块控制条。通过 RGB 混合器，用户能够针对画面中的某一个颜色进行精准调节，而不影响画面中的其他颜色，正是如此，使用 RGB 混合器能够将色彩统一，做色彩上的减法，便于后续风格化调色的处理。

而 RGB 混合器也能进行风格化调色，本实操中我们将以最常见的青橙色调为例，介绍使用 RGB 混合器进行调色的详细操作过程。

（1）启动 DaVinci，新建剪辑项目后，导入名为"海港"的视频素材至剪辑项目中，添加素材至"媒体池"面板中，如图 3-39 所示。

（2）切换至"剪辑"页面，将"媒体池"面板中的素材添加至"时间线"面板中。

（3）切换至"调色"页面，切换至"曲线 - 自定义"标签页，如图 3-40 所示。

图 3-39

图 3-40

（4）首先我们使用自定义曲线对画面进行色彩还原，如图 3-41 所示，再使用 RGB 混合器工具来实现风格化调色。

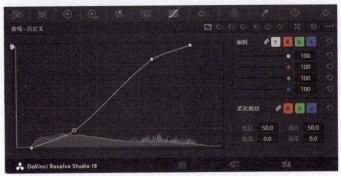

图 3-41

（5）切换至"一级·校色轮"标签页，适当调整各项参数使画面色彩更加鲜艳，如图 3-42 所示。

图 3-42

（6）想要调出青橙色调，则需要调整画面中的红色。调整"RGB 混合器"标签页中的红色输出通道中绿色数值为 1.00，如图 3-43 所示。

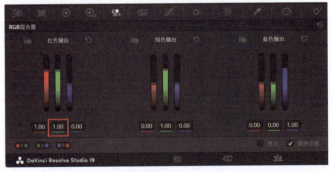

图 3-43

（7）调整"RGB 混合器"面板中红色输出通道里的蓝色数值为 –1.00，如图 3-44 所示。

图 3-44

（8）画面中有轻微的红色，调整"RGB 混合器"面板中的红色数值，如图 3-45 所示。

图 3-45

（9）完成上述操作后，预览视频画面效果，调色前后对比如图 3-46 和图 3-47 所示。

图 3-46

图 3-47

<hr>

拓展案例：唯美晚霞调色

　　请读者结合前面所学知识，使用 DaVinci"调色"面板中各种工具制作一个唯美晚霞调色视频，最终案例效果如图 3-48 所示。

图 3-48

3.3　简单便捷又有效，轻松玩转曲线调色

在 DaVinci 中，"曲线"标签页中共有 7 种调色操作模式，如图 3-49 所示，其中"曲线 – 自定义"模式可以在图像色调的基础上进行调整，而另外 6 种调色操作模式则主要通过"曲线 – 色相对色相""曲线 – 色相对饱和度""曲线 – 色相对亮度""曲线 – 亮度对饱和度""曲线 – 饱和度对饱和度""曲线 – 饱和度对亮度"来进行调整。

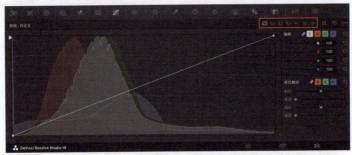

图 3-49

3.3.1　了解DaVinci的曲线功能

1. "自定义"标签页

该标签页左侧为曲线编辑器，横坐标表示的是图像的调性范围，从黑色到白色；纵坐标表示的是可以做出改变的范围。在曲线上添加控制点，可以将颜色通道原始值（输入）重新映射到新的值（输出）。

添加控制点的方法主要有以下 3 种：一是直接在曲线上单击；二是使用"检视器"面板中的"检视器控制"下拉列表中的限定器工具，直接在视频图像的相应位置单击；三是在"设置"下拉列表中选择"添加默认锚点"选项。

要删除控制点，可以直接在控制点上右击。

在"设置"下拉列表中选择"可编辑的样条线"选项，如图 3-50 所示，控制点上会出现控制手柄，可进行平滑曲线操作，如图 3-51 所示。

图 3-50

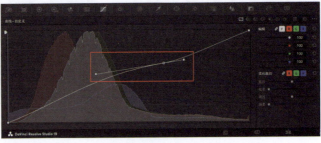

图 3-51

曲线编辑器左上角有一个比较特殊的滑块，是反转器控制滑块，用它可以方便地将任意通道的色彩反转，只需要直接向下拖曳该滑块跨过中心位置即可，如图 3-52 所示。

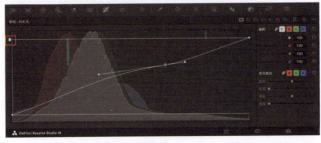

图 3-52

曲线的背景是直方图，与示波器中的直方图类似，用于辅助调整曲线，横坐标同样是从黑色到白色，纵坐标表示该亮度像素的数量，Y、R、G、B 这 4 个通道叠加显示。在"设置"下拉列表中选择"直方图"选项，可以选择输入直方图（图像初始状态）、输出直方图（动态调整后的结果）或关闭直方图。

标签页右侧为控件面板，在顶部可以选择对哪个通道进行曲线调整，单击"链接"按钮 ，选择通道后可以对整体进行调整。使用 4 个通道的滑块可以调整每个通道曲线的强度。单击某个通道按钮后，可以在"设置"下拉列表中将其复制到其他通道中，如图 3-53 所示。"柔化裁切""低区""高区"等控制参数如图 3-54 所示，这些参数通常用来恢复亮部或暗部细节，选择相应通道后，观察分量图示波器，拖曳调整对应参数即可。

图 3-53

图 3-54

2. "色相对色相"标签页

"色相对色相"标签页中曲线编辑器的横坐标表示当前色相，是循环的；纵坐标表示新的色相，可以精准地对某个色相进行改变，如图 3-55 所示。

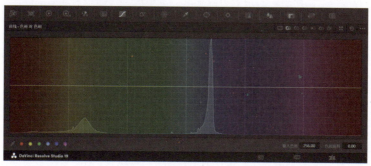
图 3-55

单击"限定器"按钮，在"检视器"面板上想要调整色相的位置单击，这样在曲线上相应的位置会产生控制点，纵向调整该控制点即可改变色相，要删除控制点可右击。

> 提示：调整色相时，纵向调整的幅度不要过大，以免产生色彩断裂现象。还可以配合其他工具调整色相，严格限定色彩范围。

- 样条线：单击该按钮后，控制点上会生成样条线控制手柄。
- 彩色圆点：用于在曲线相应的色相上生成控制点。
- 输入色相：用于微调控制点在水平方向上的位置，调整需要改变的色相。
- 色相旋转：用于微调控制点在垂直方向的位置，调整改变后的色相。

3. "色相对饱和度"标签页

该标签页的曲线编辑器与"色相对色相"标签页的曲线编辑器类似，横坐标表示色相，纵坐标表示饱和度。该标签页用于调整指定色相的饱和度，操作方式与前面相似。

4. "色相对亮度"标签页

该标签页的曲线编辑器的横坐标表示色相，纵坐标表示亮度。该标签页用于调整指定色相的亮度值，操作方法与前面类似。

5. "亮度对饱和度"标签页

该标签页的曲线编辑器的横坐标表示亮度，纵坐标表示饱和度，如图 3-56 所示，调整方式与前面类似。

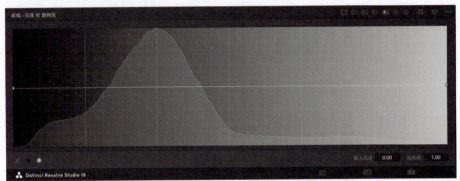

图 3-56

> 提示："色相对饱和度"标签页用于对同一个画面中具有相同色相的像素进行调整，例如降低画面中
> 红色的饱和度；而"亮度对饱和度"标签页用于对同一个画面中同样亮度的像素进行调整，例
> 如降低暗部的饱和度。

6. "饱和度对饱和度"标签页

该标签页的曲线编辑器的横坐标表示输入饱和度，纵坐标表示输出饱和度。使用该标签页可以更加精准地调节饱和度，例如轻松压低图像中的过饱和区域，防止色彩溢出。

7. "饱和度对亮度"标签页

该标签页的曲线编辑器的横坐标表示输入饱和度，纵坐标表示亮度。使用该标签页可以精确地调整特定饱和度区域的亮度值，操作方法与前面类似。

3.3.2 实操：使用自定义曲线调整画面阴影

在"曲线"标签页中拖曳控制点，指挥影响到与控制点相邻的两个控制点之间的那段曲线。通过调节曲线位置，便可以调整图像画面中的色彩浓度和明暗对比度。

（1）启动 DaVinci，新建剪辑项目后，导入一段名为"小花"的视频素材至剪辑项目中，添加该素材至"媒体池"面板中，如图 3-57 所示。

（2）切换至"剪辑"页面，添加该素材至"时间线"面板中。

（3）切换至"调色"页面，切换至"曲线 - 自定义"标签页，在设置菜单中调整直方图显示为输出，便于观察细节，如图 3-58 所示。

图 3-57

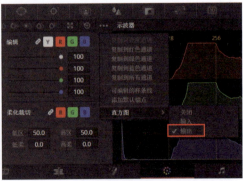

图 3-58

（4）开启后可以在"曲线 – 自定义"标签页中，看到画面的输出直方图，如图 3-59 所示。

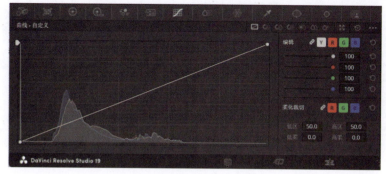

图 3-59

（5）调整"曲线 – 自定义"标签页中曲线两端的位置，使两端贴近直方图中显示的色彩区域，去除画面中的灰调，如图 3-60 所示。

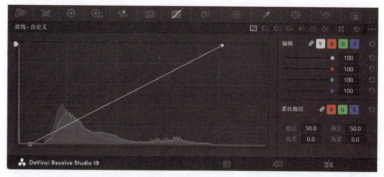

图 3-60

（6）在曲线上添加两个控制点，并调整控制点位置，恢复画面细节，如图 3-61 所示。

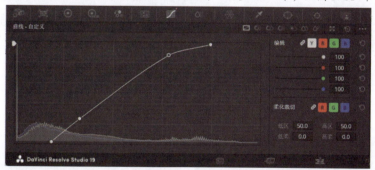

图 3-61

（7）切换至"一级·校色轮"标签页，适当调整各项参数，如图 3-62 所示。

图 3-62

（8）完成上述操作后，预览视频画面效果，调色前后对比如图 3-63 和图 3-64 所示。

图 3-63

图 3-64

3.3.3 实操：使用色相vs色相曲线为田野调色

在"色相对色相"标签页中，曲线为横向水平线，从左至右的色彩范围为红、绿、蓝、红，曲线左右两端相连为同一色相，可以通过调节控制点，将画面中色相改变成另一色相。

（1）启动 DaVinci，新建剪辑项目，导入一段名为"树叶"的视频素材至剪辑项目中，添加该素材至"媒体池"面板中，如图 3-65 所示。

（2）切换至"剪辑"页面，添加该素材至"时间线"面板中。

（3）切换至"调色"页面，单击"曲线"按钮，切换至"曲线–自定义"标签页，调整曲线，如图 3-66 所示。

图 3-65

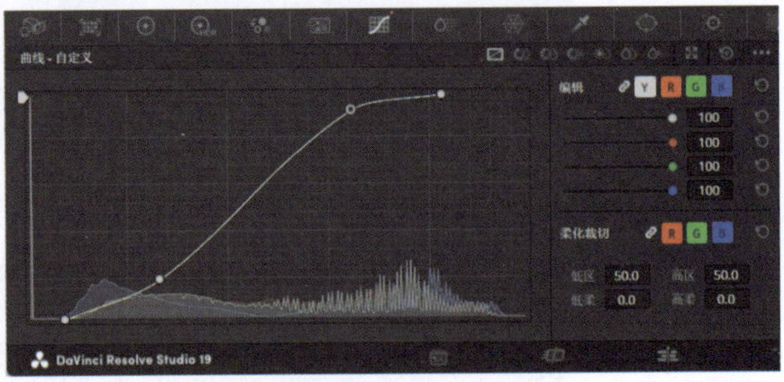

图 3-66

（4）切换至"一级·校色轮"标签页，适当调整参数，还原色彩，如图 3-67 所示。

（5）切换至"曲线–色相对色相"标签页，单击面板下方的绿色色块，在曲线编辑器中的曲线上添加 3 个控制点，并调整其位置，使画面中的黄色偏向绿色，如图 3-68 所示。

图 3-67

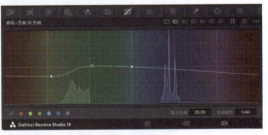

图 3-68

（6）单击红色色块，添加控制点后，调整其位置，调整画面中红色部分，使其更加自然，如图 3-69 所示。

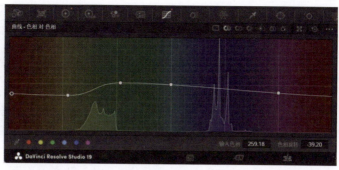

图 3-69

（7）完成上述操作后，预览视频画面效果，调色前后对比如图 3-70 和图 3-71 所示。

图 3-70

图 3-71

3.3.4 实操：使用色相vs饱和度曲线为山丘调色

使用"色相对饱和度"可以校正画面中色相过度饱和或者欠饱和的状况，接下来我们介绍详细的操作方法。

（1）启动 DaVinci，新建剪辑项目后，导入名为"山川"的视频素材至剪辑项目中，添加该素材至"媒体池"面板中，如图 3-72 所示。

（2）切换至"剪辑"页面，添加该素材至"时间线"面板中。

（3）切换至"调色"页面中，切换至"曲线 – 自定义"标签页，调整曲线，去除画面中的灰调，如图 3-73 所示。

图 3-72

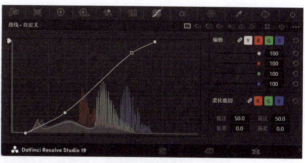

图 3-73

（4）切换至"一级·校色轮"标签页，适当调整各项参数，如图 3-74 所示。

（5）切换至"曲线 – 色相对饱和度"标签页，单击红色色块和绿色色块，添加控制点，并调整控制点位置，如图 3-75 所示。

图 3-74

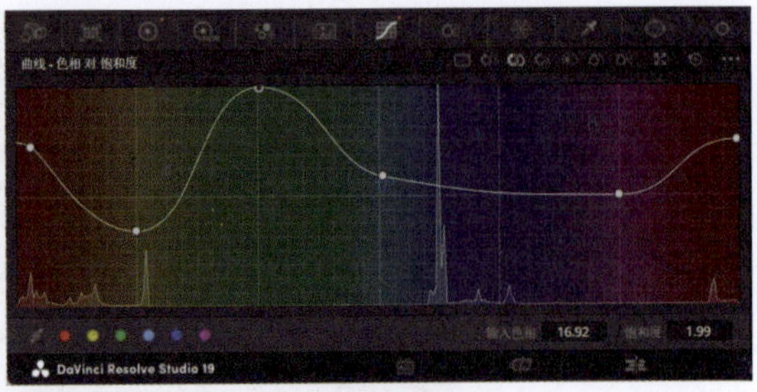

图 3-75

（6）完成上述操作后，预览视频画面效果，调色前后对比如图 3-76 和图 3-77 所示。

图 3-76

图 3-77

3.3.5　实操：使用饱和度 VS 饱和度曲线为动物调色

"饱和度对饱和度"是在画面中原本的色调基础上进行调整，主要用于调节画面中过度饱和或者饱和度不够的区域。在"曲线 – 饱和度对饱和度"面板中，横轴的左边为画面中的低饱和区，横轴的右边为画面中的高饱和区。以水平曲线为界，上下拖曳控制点，可以降低或提高指定区域的饱和度。

（1）启动 DaVinci，新建剪辑项目后，导入名为"动物"的视频素材至剪辑项目中，添加该素材至"媒体池"面板中，如图 3-78 所示。

图 3-78

（2）切换至"剪辑"页面，添加该素材至"时间线"面板中。

（3）切换至"调色"页面，切换至"曲线 – 自定义"标签页，添加控制点后调整控制点位置，如图 3-79 所示。

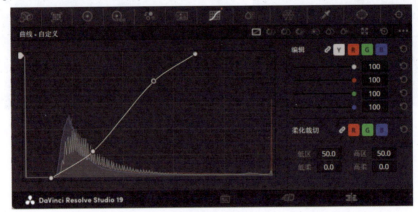

图 3-79

（4）切换至"一级·校色轮"标签页，适当调整各项参数，恢复画面色彩细节，如图 3-80 所示。

（5）切换至"曲线 – 饱和度对饱和度"标签页，添加控制点后调整曲线，如图 3-81 所示。

图 3-80

图 3-81

（6）完成上述操作后，预览视频画面效果，调色前后对比如图 3-82 和图 3-83 所示。

图 3-82

图 3-83

拓展案例：使用曲线制作粉色天空效果

请读者结合前面所学知识，使用 DaVinci 中的曲线功能，制作一个粉色天空效果视频，如图 3-84 所示。

图 3-84

3.4　局部调色，画面的精细化处理

在完成整体调色后，我们就可以对画面进行局部调色，精细化地处理画面，让画面的色彩表现更上一层楼。

3.4.1　认识"限定器"面板

"限定器"面板主要用来抠选视频画面中的局部色彩，它是二级调色的重要面板之一，如图 3-85 所示。该面板中主要包括 4 个标签页："HSL""RGB""亮度""3D"，读者可以针对不同的图像选择最合适的工具。

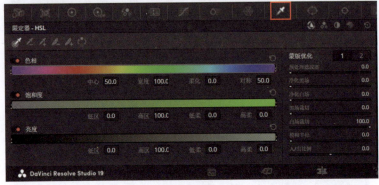

图 3-85

在"限定器"面板中进行抠图操作时，可以单击"检视器"面板中的"突出显示"按钮，这样可以很方便地观察选定的色彩范围，如图 3-86 所示。

"限定器"面板顶部的范围选择工具如图 3-87 所示，从左至右介绍如下：

图 3-86

图 3-87

·拾取器：用于在视频图像上进行采样，单击该按钮，在想要抠取的色彩上单击或拖曳即可实现基础采样操作，获取想要选取的大致范围。

·拾取器减：单击该按钮，在"检视器"面板中的图像上单击或拖曳可减去不需要的色彩范围。

·拾取器加：单击该按钮，在"检视器"面板中的图像上单击或拖曳可增加需要的色彩范围。

·柔化减：单击该按钮，在"检视器"面板中的图像上单击或拖曳可抠取边缘色彩，柔化减少选区边缘。

·柔化加：单击该按钮，在"检视器"面板中的图像单击或拖曳可抠取边缘色彩，柔化增加选区边缘。

·反向：单击该按钮，可将选区反向。

1. HSL 限定器

该限定器有"色相""饱和度""亮度"3 个滑动条，如图 3-88 所示，每个都可以通过单击名称左侧的开关单独开启或关闭。

"色相"滑动条显示的是完整的色相图谱，可以使用"检视器"面板中的限定器工具直接在画面上单击，也可以在边框上直接拖曳，还可以通过调整下方的各参数值进行选取。边界在色相滑动条上是循环的，操作时应特别注意。

"饱和度"和"亮度"滑动条的操作与此类似，两个滑动条上的饱和度和亮度都是左低右高。

图 3-88

2. RGB 限定器

RGB 限定器通过 RGB 通道选取色彩，如图 3-89 所示，具体操作与 HSL 限定器的操作相同。

图 3-89

3. 亮度限定器

这里只保留了"亮度"滑动条，关闭了"色相"和"饱和度"滑动条，如图 3-90 所示。

图 3-90

4. 3D 限定器

3D 限定器如图 3-91 所示，它使用色域立体图来实现抠像。不像其他限定器只能选取邻近色相范围，3D 限定器可以同时选取多个色相范围。使用时只需要通过拾取器工具、拾取器加工具或拾取器减工具，直接在"检视器"面板中的画面上单击或进行划像操作，即可实现蒙版的制作。

图 3-91

3D 限定器的顶部增加了几个功能按钮。"显示路径"按钮 ✎ 用于在"检视器"面板中显示拾色器划像选色的笔触。"自动黑白高亮显示"按钮 ▣ 用于在使用拾色器选色时将"检视器"面板的画面自动变为黑白色，以显示蒙版效果。"色彩空间"下拉列表用来选择使用哪个色彩空间。新版面板中增加了类似"色彩扭曲"面板中的"色度和亮度"控制参数，用它们可以更加方便、精准地调整色彩和亮度。

5. 蒙版优化

面板右侧的蒙版优化参数分为两页，如图 3-92 和图 3-93 所示，这些参数主要用于进一步优化抠像选区、去除噪点、填充蒙版孔洞等。

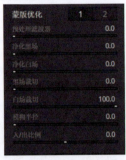

图 3-92

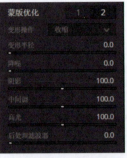

图 3-93

使用时可以将"检视器"面板中的"突出显示黑白"按钮打开，如图 3-94 所示，这样更加便于观察。黑色表示不选，白色表示选取，灰色表示根据其灰度进行选取。调节蒙版优化参数的主要思路是把选区边缘和内部处理干净。

"预处理滤镜"及"后处理滤镜"参数可以对其进行简单的调节获得较好的效果。

"净化黑场"和"净化白场"参数用来让接近黑色的像素更黑（使蒙版外部更加干净），接近白色的像素更白（使蒙版内部更加干净）。

"模糊半径"参数用来平滑蒙版边缘。

"入 / 出比例"参数用来控制"模糊半径"是作用于

图 3-94

蒙版边缘的外部还是内部，当该参数为负值时，收缩蒙版边缘，当该参数为正值时扩大蒙版边缘。

"变形操作"下拉列表中有 4 种模式："收缩"可以理解成将蒙版收缩得更小；"扩展"可以理解成将蒙版扩展得更大；"开放"可以理解成扩大黑色的孔洞，消除蒙版外部不想选取的杂色部分；"闭合"可以理解成缩小黑色的孔洞，闭合蒙版内部不需要的孔洞。

其他参数读者可以尝试不同的设置以加深理解。

3.4.2 认识"窗口"面板

"窗口"面板如图 3-95 所示，该面板同样是二级调色的重要面板，其功能简单理解就是绘制遮罩。需要注意的是，视频是动态的，在某一帧绘制的遮罩不一定适用于之前或之后的所有帧，如果是整块的大面积遮罩还可以使用，而如果是人物面部等局部遮罩就一定要记得配合"跟踪器"功能做好窗口的跟踪。

工具栏上主要包括四边形、圆形、多边形、曲线、渐变 5 个工具按钮，单击后

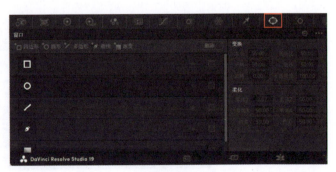

图 3-95

会在基本图形的基础上新增图形，创建的图形可以删除。

　　工具栏下方是图形列表，默认放置了几种基本图形，单击后会直接在"检视器"面板上创建图形，新增的图形会在图形列表后面不断追加。可以同时有多个窗口图形被激活，以形成组合图形。

　　"检视器"面板上的图形如图 3-96 所示，粗线框表示遮罩范围，周边的细线框表示柔化范围，可以在"检视器"面板的画面直接拖曳或在参数框中修改参数值。

　　在图形列表中，每个图形的右侧都有两个按钮：一个是"反向"按钮◨，单击后将图形遮罩将反向；另一个是"遮罩"按钮◨，单击后会形成遮罩。如在长方形中抠掉一个圆形，这里单击圆形的"遮罩"按钮◨，如图 3-97 所示（打开"突出显示黑白"按钮将更加便于观察）。将不同图形的"反向"和"遮罩"按钮配合使用，可以组合出所需的遮罩图形。

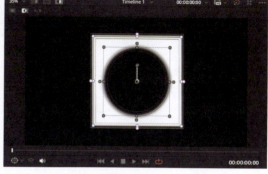

图 3-96　　　　　　　　　　　　　　图 3-97

　　面板右侧的参数主要包括"变换"和"柔化"两栏，如图 3-98 所示，根据窗口图形的不同，这里的参数会略有不同。"变换"栏的参数主要用于调整窗口图形，"柔化"栏的参数主要用于柔化图形的周围区域，同样可以在"检视器"面板的画面上直接拖曳或直接修改参数值。

　　在"窗口"面板的"设置"下拉列表中，可以实现窗口和跟踪数据的复制和粘贴等操作，还可以将图形曲线变为贝塞尔线，便于调整，如图 3-99 所示。

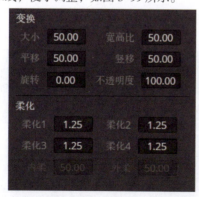

图 3-98　　　　　　　　　　　图 3-99

　　提示：遮罩完成后一定要看一下是否需要进行跟踪操作。同时遮罩和限定器可以同时作用在一个视频片段上，这样调整更加灵活。

3.4.3　认识"跟踪器"面板

　　"跟踪器"面板如图 3-100 所示，它的功能非常强大，可以实现目标对象的平移、竖移、缩放、旋转、透视等动态跟踪。

图 3-100

"跟踪器"面板有 3 个标签页:"窗口""稳定器""特效 fx"

1. "窗口"标签页

该标签页用于对在"窗口"面板中绘制的图形进行跟踪,确保其在整个视频片段中都限定准确。

跟踪控制按钮与播放器控制按钮类似,而较为特殊的是中间的双向箭头按钮▣,单击该按钮可以实现前后双向跟踪。

勾选跟踪类型复选框,可以根据目标对象的运动特点选择跟踪类型,可以同时勾选多个,每个复选框名称的颜色与下面曲线面板上跟踪曲线的颜色一致,便于查看和修改跟踪效果。

在"片段"模式下会对窗口图形进行整体跟踪移动。在"帧"模式下可以在跟踪过程中设置关键帧,控制窗口跟踪运动,这同时也是逐帧手动绘制图形、抠图的常规操作。

曲线区域上部是时间标尺,同样具有播放头。跟踪关键帧在时间标尺上以菱形图标表示。曲线区域的右上方有帧控制按钮,单击相应的按钮可以跳到前一个关键帧、创建关键帧和跳到后一个关键帧。删除关键帧在面板的"设置"下拉列表中进行。跟踪曲线不同的颜色表示不同的跟踪类型,右下角的数据表示当前播放头所在位置的运动参数值。底部和右侧的滑块用来在水平和垂直方向上放大曲线,如图 3-101 所示。

图 3-101

使用交互模式可以手动设置跟踪特征点,先勾选"交互模式"复选框将其激活,然后在图形区域或框选区插入或删除跟踪特征点。例如,在插入跟踪特征点后,可以在船以外的部分框选,删除不需要的跟踪特征点,如图 3-102 所示。

面板右下角有"云跟踪"和"点跟踪"选项,"云跟踪"可以理解为对一小块图像进行跟踪。选择"点跟踪"后,需要在交互位置添加跟踪点,然后拖曳到画面反差较大的目标点处(可以多个)。

图 3-102

2. "稳定器"标签页

"稳定器"标签页如图 3-103 所示，它同样采用跟踪的原理，用来将跟踪的结果反作用于画面，使画面保持稳定。实际操作较为简单，在标签页右下角可以选择模式，在标签页右上角单击"稳定器"按钮后，会自动进行分析处理；勾选左上角的"绕过稳定功能"复选框可以临时关闭稳定效果，标签页左下角是一些参数，可根据实际稳定效果调整。中间的彩色曲线和跟踪曲线的定义一致。

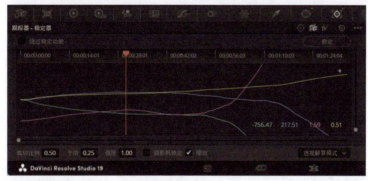

图 3-103

3. "特效 fx"标签页

该标签页用来实现特效跟踪，其操作与前面两个标签页基本一致，这里不再详述。

3.4.4　认识"神奇遮罩"面板

"神奇遮罩"面板如图 3-104 所示，该面板能够将调色师从烦琐的手动抠图工作中解脱出来，其操作非常智能。利用 AI 运算，可以直接将人像甚至人体的某个部分抠取出来，以便进行二级调色等操作。

图 3-104

"神奇遮罩"面板的主要功能和操作如下。

模式按钮 ▣ ▣ ：用于选择是制作人物整体遮罩还是制作人物的部分特征遮罩。

跟踪控制按钮 ⊢◀◀Ⅱ⇄▶▶⊣ ：从左至右依次为"跳转到第一帧""反向跟踪一帧""反向跟踪全部帧""停止""双向跟踪（向前向后跟踪）""正向跟踪全部帧""正向跟踪一帧""跳转到最后一帧"按钮。

工具栏 ✎ • □ ▤ 繁 ：从左至右分别为"吸管加""吸管减""翻转遮罩""开 / 关遮罩叠加""参数设置栏开关"按钮。"吸管加"按钮 ✎ 在操作时需要"检视器"面板处于"限定器"状态，并在图像中的人物身上或某个部位上活动，出现蓝色的笔触表示该人物处于选中状态。注意，笔触并不是越长越好，因为视频画面是动态的，可能会在后续跟踪时受到影响，笔触可以短一些，多增加几条。"吸管减"按钮用来绘制人物以外的不需要的背景等，用红色笔触表示，操作方法类似。"翻转遮罩"按钮用来翻转已有的遮罩。单击"开 / 关遮罩叠加"按钮后会在"检视器"面板的图像上以红色蒙版表示已经选取到的人物，该按钮用来精确调整蒙版的边缘。"参数设置栏开关"按钮用来显示或关闭参数设置栏。

笔触跟踪区域：用来显示所有笔触的跟踪情况。选择"人体"模式，绘制笔触并进行跟踪，左侧会显示某一个特征笔触的跟踪情况，如图 3-105 所示。

图 3-105

当选择"特征"模式，先在左侧列表中选择某个特征，如图 3-106 所示，然后绘制笔触进行跟踪，左侧会显示每一个特征笔触的跟踪情况。

参数：参数区域如图 3-107 所示，使用这些参数可制作更细致的蒙版，还可以对边缘进行平滑和柔化操作。

图 3-106

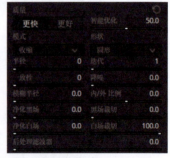

图 3-107

要决定在"质量"栏里选择"更快"还是"更好"，需要考虑画面质量、实际需求和计算机的处理能力等多个因素。

"智能优化"滑动条用于对蒙版自动进行适当的修整，向左拖曳滑块，容差能力增大，边缘可能会包含一些不需要的部分；向右拖曳滑块，容差能力降低，蒙版精度变高，需要的人体部分可能会被扣点，因此可以将红色指示蒙版打开，根据实际的效果进行细微调整。

其他参数的作用与"蒙版优化"中的参数作用相同，这里我们不再重复介绍。

3.4.5 实操：使用"HSL限定器"进行局部调色

"HSL 限定器"主要通过"拾取器"工具，根据素材图像的色相、饱和度及亮度来进行抠像。当用户使用"拾取器"工具在图像上进行色彩取样时，HSL 限定器会自动对选取部分的色相、饱和度及亮度进行综合分析。接下来我们将介绍使用"HSL 限定器"进行调色操作的详细操作步骤。

（1）启动 DaVinci，新建剪辑项目后，导入一段名为"油菜花"的视频素材至剪辑项目中，添加该素材至"媒体池"面板中，如图 3-108 所示。

（2）切换至"剪辑"页面，添加该素材至"时间线"面板中。

（3）切换至"调色"页面，切换至"曲线 - 自定义曲线"标签页，添加两个控制点后调整曲线，如图 3-109 所示。

图 3-108

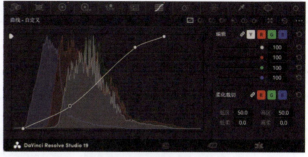
图 3-109

（4）切换至"一级·校色轮"标签页，适当调整各项参数，恢复画面细节，如图 3-110 所示。

图 3-110

（5）按快捷键"Alt+S"，添加一个串行节点，并选中编号为 02 的节点。

（6）单击"拾取器"按钮，切换工具，如图 3-111 所示。切换工具后，移动光标至"检视器"面板中。

（7）单击"突出显示"按钮，如图 3-112 所示，使被选取的抠像区域突出显示在画面中。

图 3-111

图 3-112

（8）使用"拾取器"工具在"检视器"面板中选取黄色部分，选取完成后如图 3-113 所示。

（9）完成抠像后，切换至"曲线 - 色相对亮度"标签页，单击黄色色块，在曲线上添加 3 个控制点，并调整曲线，如图 3-114 所示。

图 3-113   图 3-114

（10）按快捷键"Alt+S"，添加节点，并选中编号为 03 的节点。切换至"限定器 –HSL"标签页，使用"拾取器"工具，选取画面中的绿色部分，如图 3-115 所示。

（11）选择第 3 个节点，切换至"曲线 – 自定义"标签页，在曲线上添加 2 个控制点，并调整控制点位置，调整画面色彩，如图 3-116 所示。

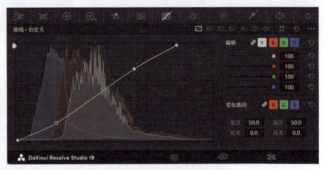

图 3-115   图 3-116

（12）完成上述操作后，预览视频画面效果，如图 3-117 和图 3-118 所示。

图 3-117   图 3-118

3.4.6　实操：使用遮罩蒙版进行局部调色

应用"窗口"面板中的形状工具在图像画面上绘制选区，用户可以根据需要调整默认的蒙版尺寸大小、位置和形状。下面通过实例操作进行介绍。

（1）启动 DaVinci，新建剪辑项目后，导入名为"雪山"的视频素材至剪辑项目中，添加该素材至"媒体池"面板中，如图 3-119 所示。

（2）切换至"剪辑"页面，添加该素材至"时间线"面板中。

（3）切换至"调色"页面，切换至"窗口"面板，单击多边形"窗口激活"按钮，如图 3-120 所示。

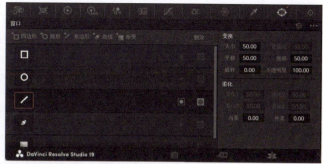

图 3-119　　　　　　　　　　　　　　　　图 3-120

（4）执行上述操作后，"检视器"面板中会出现一个矩形蒙版，在矩形边缘添加控制点，并调整控制点位置，抠出画面中的雪山，调整后如图 3-121 所示。

（5）切换至"一级·校色轮"标签页，并调整各项参数，如图 3-122 所示。

图 3-121　　　　　　　　　　　　　　　　图 3-122

（6）完成调色后，蒙版边缘太过清晰，这时可以使用柔化来减弱边缘的存在感。切换至"遮罩蒙版"标签页，调整参数，如图 3-123 所示。

图 3-123

（7）完成上述操作后，预览视频画面效果，如图 3-124 和图 3-125 所示。

图 3-124　　　　　　　　　　图 3-125

─────────── 拓展案例：使用"神奇遮罩"为海边人像调色 ───────────

　　请读者结合前面所学知识，使用 DaVinci 中的"神奇遮罩"功能，为海边的人像进行调色，最终效果如图 3-126 所示。

图 3-126

04

第4章

学会DaVinci高阶调色技法，掌握爆款短视频的秘诀

本章导读

　　想要获得好的调色效果，就要先打好基础。在前面的章节中我们学习了一级调色和二级调色的相关知识和操作，但光掌握基本操作远远不够，调色更重要的是培养艺术素养，平时多看多积累，结合技法才能制作出更好的视频。在本章中我们将为读者介绍DaVinci中的一些高阶调色技法，帮助读者掌握制作爆款短视频的秘诀。

4.1 把调色想简单点，DaVinci调色节点详解

节点是 DaVinci 中最具特色的功能之一，在本节中，我们将为用户详细介绍 DaVinci 中的"节点"面板、调色节点类型等基础知识。

4.1.1 节点基本知识

1. "节点"面板

所有的调色操作都作用在节点上，并且可以随时进行调整、整理、查看和修改，多个节点按照串行、并行等关系叠加。

2. 添加节点

执行"调色 > 节点"命令，或右击"节点"面板，在子菜单或弹出的菜单中执行相应的命令，如图 4-1 和图 4-2 所示，通常使用快捷键来完成相应的操作。

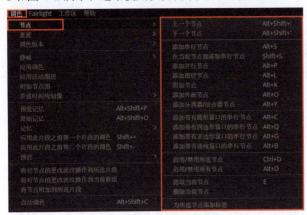

图 4-1

图 4-2

4.1.2 主要的节点类型

1. 校正器节点

校正器节点是调色的基础节点，缩略图显示的是在该节点上进行调色操作之后的效果，如图 4-3 所示，基本信息如下。

图 4-3

·节点标签：用来注明节点进行调色的目的等，在节点上右击，在弹出的菜单中执行"节点标签"命令或在节点标签位置双击即可编辑其内容（如果遇到无法直接输入中文的情况，可在其他软件中输入后复制粘贴过来）。

·节点色彩：用于标注节点色彩。

·节点编号：根据节点的添加顺序自动进行编号，当添加或删除某个节点时，编号可能会动态调整，如果有专业的大型调色台，则可以方便地输入节点编号，并在节点上进行调色操作。

·调色操作标注：用来提示节点进行了哪些调色工作。

·图像信息输入输出：把图像的 RGB 信息输入后，经过节点加工处理再输出，左侧绿色三角形表示输入，右侧绿色正方形则表示输出。

·通道信息输入输出：Alpha 通道信息的输入与输出，左侧蓝色三角形表示输入，右侧蓝色正方形表示输出。

·通道信息连接线：传递 Alpha 通道信息。

2. 并行节点

添加并行节点的快捷键为"Alt+P"，并行节点可以将校正器节点的图像信息汇总后输出，如图 4-4 所示。

3. 图层节点

添加图层节点的快捷键为"Alt+L"，使用图层节点可以将多个校正器节点的图像信

图 4-4

息按照指定的合成模式混合后输出,如图 4-5 所示。操作时应注意两点:一是连接该节点下面的三角形输入端显示在上层;另一个是设置好合成模式,右击该节点,在弹出的菜单中执行"合成模式"命令,勾选相应的添加、色彩、颜色加深、颜色减淡等即可设置合成模式。

图 4-5

4. 分离器节点

添加分离器节点的快捷键为"Alt+Y",使用分离器节点可以将媒体片段拆分成独立的 RGB 颜色通道。通过对单独的通道进行调整,可以创造特定的色彩风格。例如,可以略微调整独立通道节点图像的位置,形成 RGB 色彩错位效果。

5. 结合器节点

将分离的 RGB 颜色通道整合后输出,通常与分离器节点成对使用,分离器节点和结合器节点如图 4-6 所示。

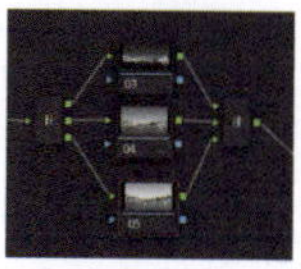

6. 外部节点

添加外部节点的快捷键为"Alt+O",使用外部节点可以对前一个节点选择的区域进行反选,便于进行调色操作。该节点会同时获得前一个节点的图像信息和蒙版信息,当前一个节点调整蒙版范围时,该节点也会同步调整,图 4-7 中的节点 02 为串行节点,节点 03 为外部节点。

图 4-6

7. 键混合器节点

键混合器节点用来将蒙版合成并输出成新的蒙版,在制作复杂蒙版时非常有用,如图 4-8 所示。

图 4-7

图 4-8

键混合器节点的混合方式可以在"键"面板中进行修改,如图 4-9 所示。

图 4-9

8. 共享节点

在调整好的节点上右击,在弹出的菜单中执行"另存为共享节点"命令,如图 4-10 所示,在标签页上修改其名称,该节点即可被其他图像在调色时使用。

使用时,在"节点"面板的空白位置右击,在弹出的菜单中执行"添加节点"命令即可看到共享节点的名称,如图 4-11 所示,选择节点名称即可调用。

图 4-10

图 4-11

4.1.3 节点的连接方式

节点的连接方式分为串联和并联，如图 4-12 所示。

图 4-12 中节点 01 和节点 02 是串联关系，节点 03、04、05 是并联关系。

在实际使用过程中，可能有读者不知道什么时候使用串联节点，什么时候使用并联节点，其实这并没有严格的要求。串联节点的操作都在上一节点的基础上进行操作，通常用于全局调整，但如果串联节点过多，则在最前面的节点重新调整时，需要修改的节点较多。并联节点的图像信息采样都来自同一个节点，输出是

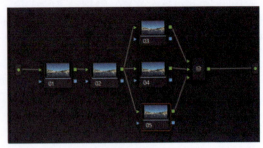

图 4-12

几个并联节点的调色结果的叠加，通常用于局部画面的色彩调整，但也要注意有没有重叠调色的部分，会不会与调色目标不一致。简单地说，就是一定要看好节点的输入与输出关系。

4.1.4 认识"键"面板

"键"面板如图 4-13 所示，可以将其理解为视频片段的 Alpha 通道面板，用黑色、白色、灰色来表示，黑色部分表示遮挡部分，白色部分表示透出部分，灰色部分表示半透明区域。不管是"限定器"面板中的 Alpha 通道，还是"窗口""跟踪器""神奇遮罩"面板中的 Alpha 通道，抑或外部的 Alpha 通道，都可以在这里看到。

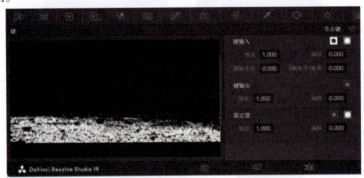

图 4-13

右上角的"节点键"表示键类型，当在"节点"面板中选择不同的节点时会在这里提示，例如选择外部节点或混合器节点，这里会有相应的变化。

"键输入"栏右边有两个按钮，一个是"蒙版/遮罩"按钮 ，另一个是"键"按钮 （遮住或理解或减去），它们的作用与"窗口"面板中的这两个按钮的作用相同。

左侧的图像是键的图示，以黑白灰图像表示，与"检视器"面板上"突出显示黑白"的效果相同。

·增益：增加"增益"值可以让灰的地方变白，减少"增益"值可以让灰的地方更黑。

·偏移：改变键的亮度。

·模糊半径：增加或降低键的模糊程度。

·模糊水平/垂直：在横向或纵向上增加模糊程度。

具体参数的设置或显示内容与键类型有关。

4.1.5 实操：使用Alpha通道制作暗角

在 DaVinci 中，当用户在"节点"面板中选择一个节点后，可以通过设置"键"面板中的参数来控制节点输入或输出的 Alpha 通道数据。下面介绍使用 Alpha 通道制作暗角效果的操作方法。

（1）启动 DaVinci，新建剪辑项目，导入一段名为"海鸥"的视频素材至剪辑项目中，添加该素材至"媒体池"面板中，如图 4-14 所示。

（2）切换至"剪辑"页面,添加该素材至"时间线"面板中。

（3）切换至"调色"页面,切换至"窗口"标签页,单击圆形"窗口激活"按钮,如图4-15所示。

图4-14　　　　　　　　　　　图4-15

（4）在"检视器"面板中,拖曳圆形蒙版蓝色方框上的控制柄,调整蒙版大小和位置,如图4-16所示。

（5）窗口蒙版绘制完成后,在"节点"面板中,选择编号为01的节点,将节点01上的"键输入"与"源"相连,如图4-17所示。

图4-16　　　　　　　　　　　图4-17

（6）在"节点"面板中的空白位置右击,展开快捷菜单后执行"添加 Alpha 输出"命令,如图4-18所示。

（7）执行该命令后,"节点"面板中会添加一个"Alpha 最终输出"图标,将节点01上的"键输出"与"Alpha 最终输出"相连接,如图4-19所示。

（8）在"检视器"面板中,可以查看应用 Alpha 通道的初步效果,如图4-20所示。

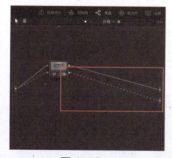

图4-18　　　　　　　　图4-19　　　　　　　　图4-20

（9）在"检视器"面板中,再次调整蒙版大小和位置,调整后如图4-21和图4-22所示。

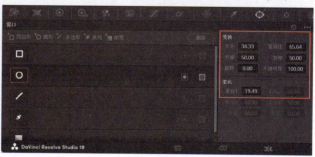

图4-21　　　　　　　　　　　图4-22

（10）切换至"键"标签页，适当调整参数，如图 4-23 所示。

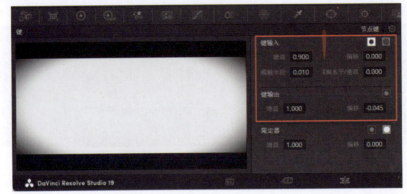

图 4-23

（11）完成上述操作后，预览视频画面效果，如图 4-24 和图 4-25 所示。

图 4-24

图 4-25

4.1.6 实操：森林光晕调整

在 DaVinci 中，通过节点能够进行精细的画面调色，在本实操中，我们将使用 DaVinci 调整森林中的光晕，接下来介绍详细的操作过程。

（1）启动 DaVinci，新建一个剪辑项目，导入名为"森林"的视频素材，添加该素材至"媒体池"面板中，如图 4-26 所示。

（2）切换至"剪辑"页面，添加该素材至"时间线"面板中。

（3）切换至"调色"页面，切换至"曲线 - 自定义"标签页，添加控制点后调整曲线，如图 4-27 所示。

图 4-26

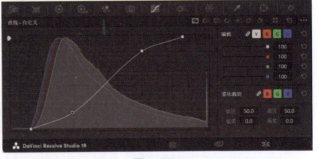

图 4-27

（4）切换至"一级·校色轮"标签页，调整各项参数，恢复画面色彩细节，如图 4-28 所示。

图 4-28

（5）在"节点"面板中，按快捷键"Alt+S"，添加第 2 个节点。切换至"特效库"面板，添加合适的特效至第 2 个节点上，如图 4-29 所示。

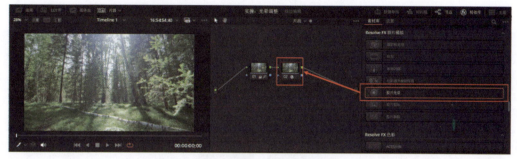

图 4-29

（6）单击"特效库"面板中的"设置"选项，切换至"设置"标签页，调整特效参数，调整后如图 4-30 所示。

图 4-30

（7）在"节点"面板中，增加第 4 个节点，切换至"特效库"面板，添加合适的特效至第 4 个节点上，如图 4-31 所示。

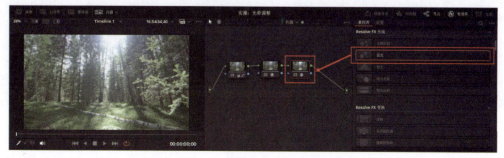

图 4-31

（8）单击"特效库"面板中的"设置"选项，切换至"设置"标签页，适当调整特效参数，调整后如图 4-32 所示。

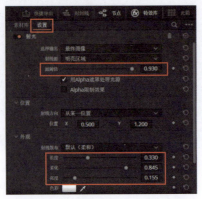

图 4-32

（9）完成上述操作后，预览视频画面效果，如图 4-33 和图 4-34 所示。

图 4-33   图 4-34

4.1.7 实操：城市落日余晖调色

城市落日余晖是大家经常能够拍摄到的风景素材，但是也会经常遇到拍摄地的天气环境较差，难以拍摄出理想的素材。在本实操中，我们将使用 DaVinci 进行调色，接下来介绍详细的操作方法。

（1）启动 DaVinci，新建剪辑项目后导入名为"黄昏"的视频素材，添加该素材至"媒体池"面板中，如图 4-35 所示。

（2）切换至"剪辑"面板，添加该素材至"时间线"面板中。

（3）切换至"调色"面板，按快捷键"Alt+S"，添加一个串行节点，如图 4-36 所示。

 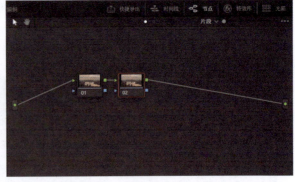

图 4-35   图 4-36

（4）选中编号为 02 的节点，开始一级校色，还原色彩表现。观察"检视器"面板中的素材，画面整体偏暖，亮部有点曝光过度，暗部细节略有不足。切换至"曲线"标签页，添加两个控制点，适当拉高暗部的控制点，压低亮部的控制点，如图4-37所示。

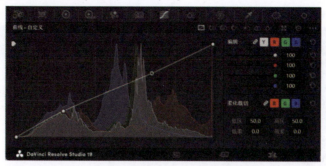

图4-37

（5）切换至"曲线－色相对色相"标签页，选中黄色色块，调整曲线，以恢复画面中的颜色，如图4-38所示。

图4-38

（6）按快捷键"Alt+S"，添加第3个节点。选中编号为03的节点，切换至"曲线－饱和度对饱和度"标签页，添加两个控制点，调整曲线，使画面中的色差反差变大，如图4-39所示。

图4-39

（7）按快捷键"Alt+S"，添加第4个节点。选中编号为04的节点，切换至"一级·校色轮"标签页，适当调整阴影部分的校色轮参数，如图4-40所示。

图4-40

（8）按快捷键"Alt+S"，添加第 5 个节点。选中编号为 05 的节点，切换至"曲线 – 饱和度对饱和度"标签页，添加两个控制点，调整曲线，如图 4-41 所示。

图 4-41

（9）完成上述操作后，预览视频画面效果，如图 4-42 和图 4-43 所示。

图 4-42   图 4-43

<hr/>

拓展案例：制作花朵单独显色效果

请读者结合前面所学知识，使用 DaVinci 中的"拾取器"工具和"RGB 混合器"工具，制作花朵单独显色视频，如图 4-44 所示。

图 4-44

4.2　人像视频调色处理，助你调出盛世美颜

在 DaVinci 中，用户可以对拍摄效果不够好的视频进行调色处理，而人像素材相较于一般的素材，调色难度则更大一点。在本节中，我们将结合实际案例，介绍人像视频调色处理的操作方法。

4.2.1 实操：去除人物背景杂色

在 DaVinci 中，串行节点调色是最简单的节点组合，上一节点的 RGB 调色信息，会通过 RGB 信息连接线传递输出，作用于下一个节点上，基本上可以满足用户的调色需求。本实操中，我们将通过添加串行节点，来去除人像视频背景中杂色的操作方法。

（1）启动 DaVinci，新建剪辑项目后，导入一段名为"居家"的素材至剪辑项目中，添加该素材至"媒体池"面板中，如图 4-45 所示。

（2）切换至"剪辑"页面，添加该素材至"时间线"面板中。

（3）切换至"调色"页面，按快捷键"Alt+S"，添加一个节点，并选中编号为 02 的节点，如图 4-46 所示。

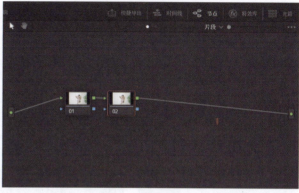

图 4-45   图 4-46

（4）单击左上角的"Lut 库"按钮█，切换至"Lut 库"面板，在选项面板中，展开"Blackmagic Deign"标签页，选择相应的模型，拖曳至节点 02 上，如图 4-47 所示。

图 4-47

（5）按快捷键"Alt+S"，添加第 3 个节点，选中编号 03 的节点，切换至"曲线 - 色相对饱和度"标签页，在曲线上添加一个控制点，如图 4-48 所示。

（6）调整曲线上控制点的位置，去除画面中的杂色，如图 4-49 所示。

图 4-48   图 4-49

（7）完成上述操作，预览视频画面效果，如图 4-50 和图 4-51 所示。

113

图 4-50   图 4-51

4.2.2　实操：制作人物抠像效果

通过前面的学习，我们了解到 DaVinci 是可以对含有 Alpha 通道信息的素材图像进行调色处理。不仅如此，DaVinci 还可以对含有 Alpha 通道信息的素材进行抠像处理，接下来我们介绍详细的操作方法。

（1）启动 DaVinci，新建剪辑项目后，导入名为"人物"和"背景"的素材至"媒体池"面板中，如图 4-52 所示。

（2）切换至"剪辑"页面，添加素材至"时间线"面板中，如图 4-53 所示。其中 V1 轨道上的素材为背景素材，V2 轨道上的素材为需要进行抠像处理的素材。

图 4-52   图 4-53

（3）切换至"调色"页面，切换至"窗口"面板，单击"窗口激活"按钮，如图 4-54 所示。

（4）在"检视器"窗口中绘制一个窗口蒙版，如图 4-55 所示。

图 4-54   图 4-55

（5）在"节点"面板中右击，展开快捷菜单后，执行"添加 Alpha 输出"命令，如图 4-56 所示。

（6）将节点 01 上的"键输出"与"Alpha 最终输出"相连，如图 4-57 所示。

图 4-56   图 4-57

（7）切换至"剪辑"页面，展开"检查器"面板，选中 V2 轨道上的素材，调整其参数，如图 4-58 所示。

图 4-58

（8）完成上述操作后，预览视频画面效果，如图 4-59 所示。

图 4-59

4.2.3 实操：人物脸部柔光调整

在 DaVinci 中，图层节点的架构与并行节点相似，但并行节点会将架构中的每一个节点结果叠加混合输出，而图层节点的架构中，最后一个节点会覆盖上一节点的调色结果。例如，第一个节点为红色，第二个节点为绿色，通过并行混合器输出的结果为二者叠加混合生成的黄色，通过图层混合器输出的结果为绿色。下面介绍运用图层节点进行脸部柔光调整的操作方法。

（1）启动 DaVinci，新建剪辑项目后，导入一段名为"街拍"的素材至剪辑项目中，添加该素材至"媒体池"面板中，如图 4-60 所示。

（2）切换至"剪辑"页面，添加该素材至"时间线"面板中。

（3）选中编号为 01 的节点，切换至"曲线 - 自定义"标签页，在曲线中添加控制点，调整曲线，如图 4-61 所示。

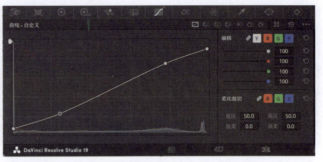

图 4-60   图 4-61

（4）切换至"一级·校色轮"标签页，适当调整各项参数，恢复画面色彩细节，如图 4-62 所示。

图 4-62

（5）按快捷键"Alt+P"，添加一个并行节点，如图 4-63 所示。

（6）移动光标至并行节点上，右击后展开快捷菜单，执行"变换为图层混合器节点"命令，如图 4-64 所示。

（7）移动光标至图层混合器节点上，右击该节点，展开快捷菜单，执行"合成模式 > 柔光"命令，如图 4-65 所示。

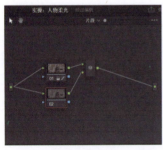

图 4-63   图 4-64   图 4-65

（8）完成上述操作后，预览视频画面效果，如图 4-66 和图 4-67 所示。

图 4-66

图 4-67

4.2.4　实操：修复人物肤色

前期拍摄人物时，或多或少都会受到环境、光线的影响，导致人物肤色不正常。而在 DaVinci 的矢量图示波器中可以显示人物肤色指示线，用户可以通过矢量图示波器来修复人物肤色，接下来介绍详细的操作方法。

（1）启动 DaVinci，新建剪辑项目后，导入名为"女孩"的素材至剪辑项目中，添加该素材至"媒体池"面板中，如图 4-68 所示。

（2）切换至"剪辑"页面，添加该素材至"时间线"面板中。

（3）切换至"调色"页面，按快捷键"Alt+S"，添加一个串行节点，如图 4-69 所示。

图 4-68

图 4-69

（4）切换至"一级·校色轮"标签页，调整"亮部"色轮参数，提亮画面，如图 4-70 所示。

图 4-70

（5）再次按快捷键"Alt+S"，添加一个串行节点，并选中编号为 03 的串行节点，如图 4-71 所示。

（6）切换至"矢量图"示波器，展开"设置"菜单，执行"显示肤色指示线"命令，如图 4-72 所示。

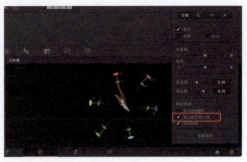

| 图 4-71 | 图 4-72 |

（7）切换至"限定器"标签页，单击"拾取器"按钮，如图 4-73 所示。

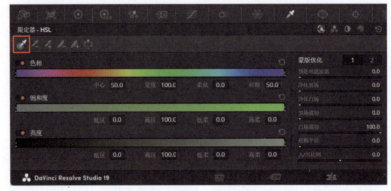

图 4-73

（8）单击"检视器"面板中的"突出显示"按钮，如图 4-74 所示。使用"拾取器"工具选取人物面部皮肤部分，选取后如图 4-75 所示。

| 图 4-74 | 图 4-75 |

（9）此时仍有部分皮肤未被选中，单击"拾取器加"按钮，如图 4-76 所示。

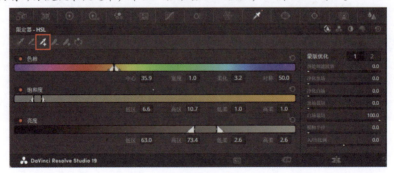

图 4-76

（10）移动光标至"检视器"面板中,选取人物未被选取的皮肤,如图4-77所示。

图4-77

（11）切换至"一级·校色轮"标签页,调整"亮部"色轮的参数,使"矢量图"示波器面板中的色彩波形矢量与肤色指示线重叠,如图4-78所示。

图4-78

（12）完成上述操作后,预览视频画面效果,如图4-79和图4-80所示。

图4-79

图4-80

4.2.5 实操:透亮人像调色

当用户拍摄出来的人像视频画面比较灰暗的时候,可以使用DaVinci制作清透的画面效果,接下来介绍详细的操作方法。

（1）启动DaVinci,新建剪辑项目后,导入名为"贵州"的素材至剪辑项目中,添加该素材至"媒体池"面板中,如图4-81所示。

（2）切换至"剪辑"页面,添加该素材至"时间线"面板中。

（3）切换至"调色"页面,切换至"曲线－自定义"标签页,添加控制点后调整曲线,如图4-82所示。

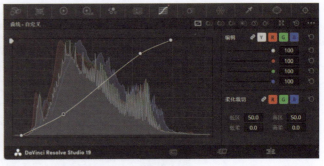

图 4-81   图 4-82

（4）切换至"一级·校色轮"标签页，适当调整各项参数，恢复画面色彩细节，如图 4-83 所示。

（5）按快捷键"Alt+P"，添加并行节点。移动光标至并行节点上，右击展开快捷菜单，执行"变换为图层混合器节点"命令，如图 4-84 所示。

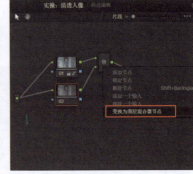

图 4-83   图 4-84

（6）移动光标至"图层混合器"节点上，右击展开快捷菜单，执行"合成模式－滤色"命令，如图 4-85 所示。

（7）执行命令后，选中图层混合器节点，按快捷键"Alt+S"，添加一个串行节点。选中编号为 03 的节点，切换至"一级·校色轮"标签页，调整参数，如图 4-86 所示。

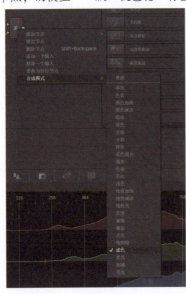

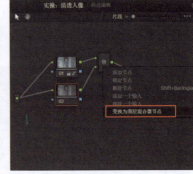

图 4-85   图 4-86

（8）完成上述操作后，预览视频画面效果，如图 4-87 和图 4-88 所示。

图 4-87   图 4-88

——————— 拓展案例：文艺小清新人像调色 ———————

在 DaVinci 中，在使用"曲线"工具恢复画面色彩后，结合"色轮"调整色彩色调，可以打造出唯美小清新效果。请读者结合前面所学知识，使用 DaVinci 制作文艺小清新人像调色效果，如图 4-89 所示。

图 4-89

4.3 火爆全网的风格化调色，助你成为调色大佬

在本节中，我们将介绍网络上热门风格化调色的操作方法，帮助读者进一步掌握 DaVinci 中的调色技法。

4.3.1 实操：赛博朋克夜景调色

赛博朋克是现在非常热门的调色风格之一，画面中多为青色与品红，带有一些光晕效果，接下来我们介绍详细的操作方法。

（1）启动 DaVinci，新建剪辑项目之后，导入名为"夜景"的视频素材，添加该素材至"媒体池"面板中，如图 4-90 所示。

（2）切换至"剪辑"页面，添加该素材至"时间线"面板中。

（3）切换至"调色"页面，按快捷键"Alt+S"，添加一个串行节点，如图 4-91 所示。

 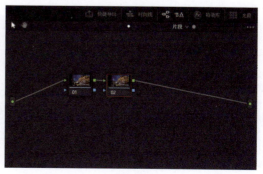

图 4-90   图 4-91

（4）选中编号为 02 的节点，切换至"色彩扭曲器"标签页，将暖色向品红偏移，冷色向青色偏移，如图 4-92 所示。

图 4-92

（5）按快捷键"Alt+S"，再次添加一个串行节点，如图 4-93 所示。

（6）选中编号为 03 的节点，展开"特效库"面板，选择合适的特效，将其拖曳至编号为 03 的节点上，如图 4-94 所示。

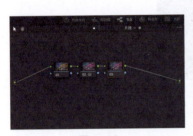

图 4-93

图 4-94

（7）添加特效后，适当调整其数值，如图 4-95 所示。

图 4-95

（8）完成上述操作后，预览视频画面效果，如图 4-96 和图 4-97 所示。

图 4-96

图 4-97

4.3.2　实操:青橙天空调色

青橙色调广泛应用在各种影视作品中,能够为画面带来一丝别样韵味,接下来我们介绍使用 DaVinci 进行青橙色调的调色过程。

(1)启动 DaVinci,新建项目后,导入一段名为"大桥"的视频素材至"媒体池"面板中,如图 4-98 所示。

(2)切换至"剪辑"页面,添加该素材至"时间线"面板中。

(3)切换至"调色"页面,按快捷键"Alt+S",添加一个串行节点,如图 4-99 所示。

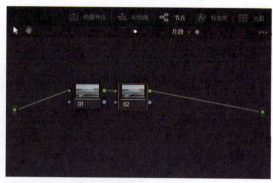

图 4-98　　　　　　　　　　　　　　　　图 4-99

(4)选中编号为 02 的节点,切换至"RGB 混合器"标签页,调整其中红色输出中的红色通道和蓝色通道的数值,如图 4-100 所示。

(5)按快捷键"Alt+S",再次添加一个串行节点,如图 4-101 所示。

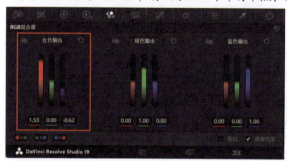

图 4-100　　　　　　　　　　　　　　　图 4-101

(6)选中编号为 03 的节点,切换至"色彩扭曲器"标签页,适当调整其参数,使画面中的蓝色更偏向于青色,暖色则偏向于橙色,如图 4-102 所示。

图 4-102

(7)按快捷键"Alt+S",再次添加一个串行节点,并选中编号为 04 的节点,如图 4-103 所示。

(8)新建节点后,切换至"限定器"标签页,使用"拾取器"工具选取画面中的水面部分,如图 4-104 所示。选取时开启"突出显示"能够更好地观察到选区。

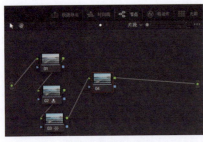

图 4-103 　　　　　　　　　　　　　　 图 4-104

（9）切换至"曲线 – 自定义"标签页，添加两个控制点，调整曲线，恢复画面因为调色丢失的细节，调整的曲线如图 4-105 所示。

图 4-105

（10）完成上述操作后，预览视频画面效果，如图 4-106 和图 4-107 所示。

图 4-106 　　　　　　　　　　　　　　 图 4-107

4.3.3　实操：油画质感草原调色

油画质感相较于小清新色调，色彩饱和度更高，画面色彩浓郁，非常适合风景类的素材，接下来我们介绍详细的操作方法。

（1）启动 DaVinci，新建剪辑项目后，导入名为"草地"的视频素材至剪辑项目中，添加该素材至"媒体池"面板中，如图 4-108 所示。

（2）切换至"剪辑"页面，添加该素材至"时间线"面板中。

（3）切换至"调色"页面，切换至"曲线 – 自定义"标签页，添加控制点后调整曲线，如图 4-109 所示。

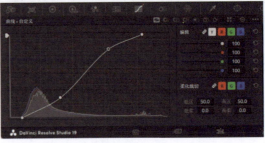

图 4-108 　　　　　　　　　　　　　　 图 4-109

（4）切换至"一级·校色轮"标签页，适当调整各项参数，如图4-110所示。

图4-110

（5）按快捷键"Alt+S"，添加一个串行节点，选中编号为02的节点，切换至"一级·校色轮"标签页，调整色轮参数，使画面中的亮部偏暖，而中灰和暗部偏向蓝色和青色，如图4-111所示。

图4-111

（6）按快捷键"Alt+S"，添加一个串行节点，选中编号为03的节点，切换至"色彩扭曲器"标签页，调整色彩，做色彩上的减法，去除画面中天空部分的黄色，如图4-112所示。

图4-112

（7）按快捷键"Alt+S"，添加一个串行节点。选中编号为04的节点，切换至"特效库"标签页，添加名为"发光"的特效至该节点上，如图4-113所示。

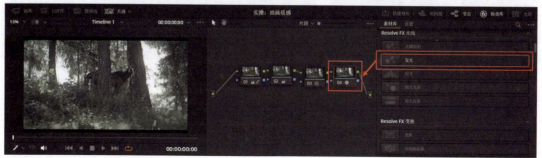

图4-113

（8）切换至"设置"标签页，调整特效参数，如图 4-114 所示。

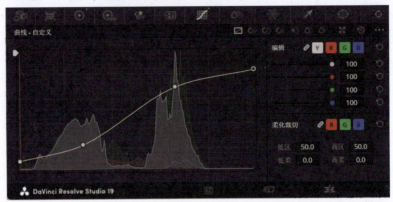

图 4-114

（9）完成上述操作后，预览视频画面效果，如图 4-115 和图 4-116 所示。

图 4-115

图 4-116

4.3.4 实操：复古港风调色

复古港风色调常在影视作品中使用，很适合街拍或者是一些需要复古感觉的素材，接下来我们介绍详细的操作方法。

（1）启动 DaVinci，新建剪辑项目后，导入名为"港风"的视频素材至剪辑项目中，添加该素材至"媒体池"面板中，如图 4-117 所示。

（2）切换至"剪辑"页面，添加该素材至"时间线"面板中。

（3）切换至"调色"页面，切换至"曲线 – 自定义"标签页，添加控制点后调整曲线，如图 4-118 所示。

图 4-117

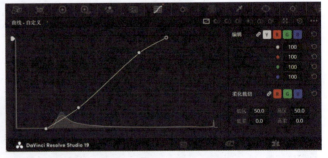

图 4-118

（4）切换至"一级·校色轮"标签页，调整各项参数，恢复画面色彩细节，如图 4-119 所示。

图 4-119

（5）按快捷键"Alt+S"，添加一个串行节点，选中编号为02的节点。调整"一级·校色轮"标签页中的色轮参数，使画面中的亮部和中灰部分偏向黄色、橙色，使暗部偏向绿色，营造怀旧感，如图 4-120 所示。

图 4-120

（6）切换至"RGB 混合器"标签页，适当调整绿色通道和蓝色通道数值，如图 4-121 所示。

图 4-121

（7）按快捷键"Alt+S"，添加一个串行节点，选中编号为03节点，在"特效库"面板中，添加合适的特效，如图 4-122 所示。

图 4-122

（8）切换至"设置"标签页，适当调整参数，如图 4-123 所示。

图 4-123

（9）完成上述操作后，预览视频画面效果，如图 4-124 和图 4-125 所示。

图 4-124

图 4-125

拓展案例：古风清冷美人调色

请读者参考前面所学知识，使用 DaVinci 中的"调色"面板制作一个古风清冷美人调色短视频，如图 4-126 所示。

图 4-126

第5章

视频画面太单调怎么办，
手把手教你做特效

本章导读

　　制作视频时，适当地添加一些特效能够让视频画面更加生动有趣。通过DaVinci中的"Fusion"面板可以制作各种特效，其操作逻辑与After Effects等视频剪辑软件不同，采用的是节点式操作方式。本章将为读者介绍"Fusion"面板，并结合实例帮助读者掌握使用"Fusion"面板制作特效的方法。

5.1 神奇的FX效果，后期制作的好帮手

"效果"（在某些翻译中为"特效库"）面板的"工具箱"中主要包括"视频转场""音频转场""标题""生成器""效果""Open FX""音频特效"等选项，可以用来制作各类特殊效果，丰富媒体内容。同时 DaVinci 支持光标在效果按钮条上滑过时，在"检视器"面板中实时查看效果，极大地提高了软件的易用性。

5.1.1 认识"FX效果"面板

单击"剪辑"页面中的"特效库"按钮 ，即可展开"FX 效果"（特效库）面板，如图 5-1 所示。

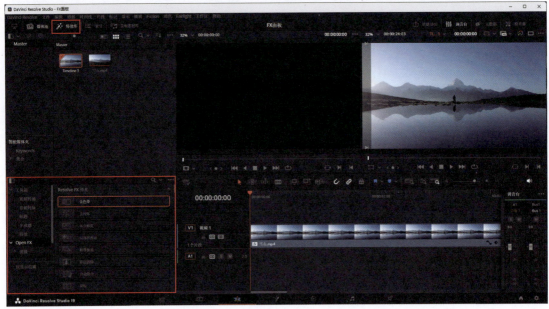

图 5-1

1. 视频转场

视频转场用于将两个相邻的视频片段衔接起来，实现两个镜头之间的过渡效果，在"特效库"面板中，选择"工具箱 – 视频转场"选项，如图 5-2 所示。

图 5-2

视频转场主要包括叠化、光圈、运动、形状、划像、Fusion 转场、Resolve FX 转场等类型。当光标在效果按钮条上滑动时，即可在"检视器"面板中预览转场效果。将视频转场拖曳至"时间线"面板中

的两个视频片段之间即可应用；或将播放头移动至两个相邻视频片段之间，双击视频转场名称，即可应用（如图 5-3 所示）。需要注意的是，添加转场效果的视频片段要留有余量，这样便于制作转场过渡效果。

图 5-3

如果只需要添加标准的转场效果（默认是"交叉叠化"），则先用选择工具单击相邻视频片段之间的剪辑点，使其处于选中状态，然后执行"时间线 > 添加转场"命令（快捷键为"Ctrl+T"）完成操作，如图 5-4 所示。

在转场效果上右击，弹出的菜单如图 5-5 所示。执行"添加到收藏"命令，便于后续使用此转场效果；执行"设置为标准转场"命令，可以将其设置为使用快捷键添加转场时的默认转场效果；执行"添加到所选编辑点和片段"命令，可以在视频轨道的视频片段或剪辑点上应用该转场效果。

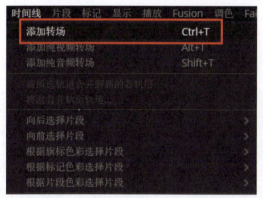

图 5-4

图 5-5

> 提示：如果需要在多个视频片段之间添加转场效果，可以使用修剪编辑工具（快捷键为 T）在视频轨道上框选需要添加转场效果的视频片段。这样相邻视频片段之间的剪辑点将会被选中，然后使用快捷键"Ctrl+T"来完成操作。

添加转场效果后，可以对其参数进行调整，以得到满意的效果。有两种调整方式：一种是直接在"时间线"面板的转场片段两端拖曳调整，修改转场时长，如图 5-6 所示。

图 5-6

另一种则是选择该转场效果后，展开"检查器"面板，自动进入"转场"标签页，在这里可以进行详细的参数设置，如图 5-7 所示。

图 5-7

2. 音频转场

音频转场的效果并不多，如图 5-8 所示。

相邻音频片段不能完全依靠转场效果来实现过渡，首要的是找准音频片段的切合点和节奏点等。可以添加淡入淡出效果并进行叠加，如图 5-9 所示，这样更具灵活性。音频转场的设置方法与视频转场的设置方法相同。

图 5-8

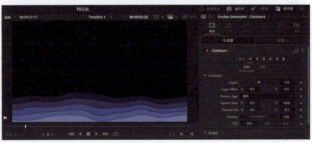

图 5-9

3. 标题

标题的相关内容在前面的 2.4 小节中已经介绍过，此处不再赘述。

4. 生成器

使用生成器可以新建一些需要的视频素材，如灰阶、彩条、渐变、纯色等，如图 5-10 所示。

Fusion 生成器主要有 Contours（等高线）、Noise Gradient（噪点）、Paper（纸张）、Texture Background（纹理背景）等类型，使用时只需要将其拖曳至相应位置的视频轨道上即可。用户在"检查器"面板的"视频"标签页中选择"生成器"和"设置"子标签，在面板下方修改相应的参数，如图 5-11 所示。

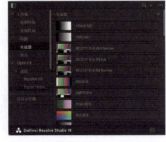

图 5-10　　　　　　　　　　　图 5-11

提示：每一种类型的 Fusion 生成器里都预设了很多效果，使用时只需选择"生成器"标签，在面板中选择 Version 右侧对应的数字即可，例如 Noise Grandient 生成器的 Version2 的显示效果如图 5-12 所示，可以看出这是预设的火焰效果。

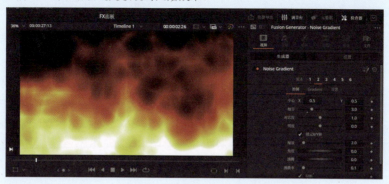

图 5-12

5. 效果

效果用来给视频片段加一些特殊效果，使用时将效果拖曳至视频轨道上即可。"Fusion 特效"中预设了多个特效，如图 5-13 所示。

要使用特殊效果，可直接将其拖曳到需要的视频片段上，视频片段的右下方会出现 3 个十字星团，表示该视频片段已经添加了效果。需要修改时，可以选择该视频片段，然后在"检查器"面板"效果"标签页中修改相关参数，如图 5-14 所示。

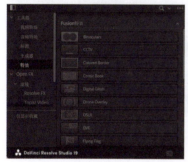

图 5-13

图 5-14

单个视频片段可以添加多个效果，其具体参数可在"检查器"面板"效果"标签页中选择"Fusion"子标签，在面板下方进行设置，如图 5-15 所示。

图 5-15

红色开关按钮用于开启或关闭该效果。

在效果名称右侧的空白处单击，即可展开或折叠关闭本效果的参数设置面板。

上下箭头用来调整效果的叠加顺序,这对最终合成效果的影响是非常大的,后加的效果通常在底层。

单击转到 Fusion 页面按钮,可以转入"Fusion"工作区进行更高级的修改。

删除按钮用于删除效果。

恢复按钮用于恢复参数的默认设置。

6.Open FX

Open FX(OFX)是一种开放的标准插件,是 DaVinci、After Effects、Premier Pro、Nuke、Vegas、HitFilm 等视频制作软件均支持的插件。业内比较流行的插件包有 GenArts(蓝宝石)、Boris Continuum Complete(BCC)、Red Giant Universe(红巨星)等,这些插件都需要单独购买才能安装使用。

Resolve FX 是 DaVinci 自带的插件,插件中的滤镜用于对高效播放进行优化。它在 Open FX 浏览器中有自己的分类,主要包括 Resolve FX 修复、Resolve FX 光线、Resolve FX 变换、Resolve FX 扭曲、Resolve FX 抠像、Resolve FX 时域、Resolve FX 模糊、Resolve FX 生成、Resolve FX 纹理、Resolve FX 美化、Resolve FX 色彩、Resolve FX 锐化、Resolve FX 风格化等 13 类,如图 5-16 所示。

每个类别都可以通过双击其名称或单击右侧下拉列表按钮展开,里面包含若干滤镜按钮,这里就不逐一展示了,读者可以逐一尝试它们的应用效果,以便在需要时使用。将光标放置在滤镜按钮上方,即可在"检视器"面板上直观地预览其应用效果。

使用滤镜时,只需要将其拖曳到视频片段上即可。要调整参数,可选择"检查器"面板的"效果"标签页的"Open FX"子标签,在面板下方进行调整,如图 5-17 所示。滤镜效果可叠加,单击展开面板,调整相关参数,通常在底部有一个"全局混合"选项,展开后可以调整滤镜和原始图像的混合程度。

图 5-16

图 5-17

7. 音频特效

音频特效中的插件主要是用来调整音频效果,使声音更浑厚、动听,更有空间感和层次感,有时甚至可以改变音调,常用的音频特效插件如图 5-18 所示。这些插件主要在"Fairlight"工作区中使用,使用时只需将插件按钮直接拖曳到音频片段上,在弹出的面板中进行设置即可。

图 5-18

5.1.2 实操:镜头光斑特效

在 DaVinci 的"Reaolve FX 光线"滤镜组中,应用"镜头光斑"滤镜可以在素材图像上制作一个小太阳特效,接下来我们介绍详细的制作方法。

（1）启动 DaVinci，新建剪辑项目，导入一段名为"晴天"的视频素材，添加该素材至"媒体池"面板中，如图 5-19 所示。

图 5-19

（2）切换至"剪辑"页面，添加该素材至"时间线"面板中。

（3）展开"特效库"页面，单击"Open FX"中的"滤镜"选项，展开"Resolve FX"选项栏，添加名为"镜头光斑"的滤镜效果至"时间线"面板中的视频素材上，如图 5-20 所示。

图 5-20

（4）添加该效果后，在"检查器"面板中，调整光源位置，如图 5-21 所示。

图 5-21

（5）在"检查器"面板中，调整各项参数，使画面中的特效表现更好，如图 5-22 所示。

图 5-22

（6）完成上述操作后，预览视频画面效果，如图 5-23 所示。

图 5-23

5.1.3 实操：制作镜头晃动特效

使用 DaVinci 能够制作镜头晃动特效，可以使画面更具动感，接下来我们介绍详细的操作方法。

（1）启动 DaVinci，新建剪辑项目后，导入名为"行走"的视频素材至剪辑项目中，添加该素材至"媒体池"面板中，如图 5-24 所示。

图 5-24

（2）切换至"剪辑"页面，添加该素材至"时间线"面板中，并移动播放头至 00∶00∶04∶10 处，按快捷键"Ctrl+B"，分割素材，如图 5-25 所示。

图 5-25

（3）将播放头稍稍后移，再次按快捷键"Ctrl+B"，分割素材，如图 5-26 所示。

图 5-26

（4）展开"特效库"面板，单击"Open FX"选项，展开选项栏，选择名为"摄像机晃动"的特效，将其添加至"时间线"面板中的素材上，如图 5-27 所示。

图 5-27

（5）选中被添加了特效的素材，单击"检查器"按钮 █，展开"检查器"面板，在"Open FX"标签页中适当调整其参数，使特效更加明显，如图 5-28 所示。

图 5-28

（6）镜头晃动的幅度较大时，画面中会出现黑边，影响观感。调整"黑边处理"中的"边框处理"选项，即可消除黑边，如图 5-29 所示。如果用户在此处选择"复制"选项，那么 DaVinci 会自动选取画面边缘的像素复制后延展；若选择"反射"选项，则是进行镜像处理。

图 5-29

（7）完成上述操作后，预览视频画面效果，如图 5-30 所示。

图 5-30

5.1.4 实操：制作盗梦空间效果

DaVinci 中可以非常方便地对素材进行镜像操作，来制作酷炫的盗梦空间效果，接下来介绍详细的操作方法。

（1）启动 DaVinci，新建剪辑项目后，导入一段名为"夜景"的视频素材至剪辑项目中，添加该素材至"媒体池"面板中，如图 5-31 所示。

图 5-31

（2）切换至"剪辑"页面，添加该素材至"时间线"面板中。单击"特效库"按钮 📱，展开"特效库"面板。单击"Open FX"选项，选择名为"镜像"的效果添加至"时间线"面板上的素材上，如图 5-32 所示。

图 5-32

（3）单击"检查器"按钮 📱，展开"检查器"面板，切换至"Open FX"子标签页，调整镜像的旋转角度，如图 5-33 所示。

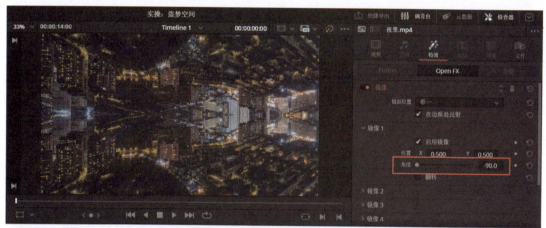

图 5-33

（4）单击"视频"按钮 📱，切换至"视频"标签页，适当调整素材位置，如图 5-34 所示。

图 5-34

（5）单击"特效"按钮 📱，切换至"特效"标签页。适当调整镜像的位置参数，使画面更加自然，如图 5-35 所示。

图 5-35

（6）框选"时间线"面板中的素材，按快捷键"Ctrl+Alt+L"取消链接。取消链接后删除音频素材，仅保留视频素材在"时间线"面板中，如图 5-36 所示。

图 5-36

（7）切换至"媒体"页面，添加名为"背景音乐"和"音效"的音频素材至"媒体池"面板中。

（8）切换至"剪辑"页面，添加名为"背景音乐"的音频素材至"时间线"面板中，并调整该音频素材的时长与视频素材的时长保持一致，如图 5-37 所示。

图 5-37

（9）添加名为"音乐"的音频素材至"时间线"面板中，并调整该音频素材的时长与视频素材的时长保持一致，如图 5-38 所示。

图 5-38

（10）调整"时间线"面板中的音频素材淡入淡出时长为 00 ∶ 05，如图 5-39 所示。

图 5-39

（11）完成上述操作后，预览视频画面效果，如图 5-40 所示。

图 5-40

5.1.5　实操：制作老电影画面效果

DaVinci 中内置的效果能够让用户快速制作出老电影画面效果，接下来介绍详细的操作方法。

（1）启动 DaVinci，新建剪辑项目后，导入名为"海湾"的视频素材至剪辑项目中，添加该素材至"媒体池"面板中，如图 5-41 所示。

（2）切换至"剪辑"页面，添加该素材至"时间线"面板中。

（3）切换至"调色"页面，按快捷键"Alt+S"，添加一个串行节点，并选中该节点，如图 5-42 所示。

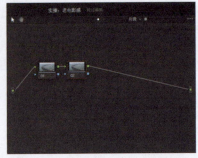

图 5-41　　　　　　　　　　　图 5-42

（4）展开"特效库"面板，选择名为"胶片损坏"的效果，拖曳至编号 02 的节点上，如图 5-43 所示。

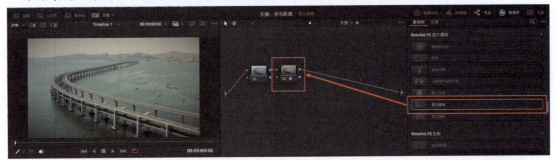

图 5-43

（5）切换至"设置"标签页，适当调整参数，如图 5-44 所示。

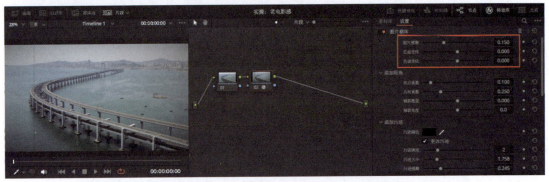

图 5-44

（6）按快捷键"Alt+S"，再次添加一个串行节点，并选中该节点，如图 5-45 所示。

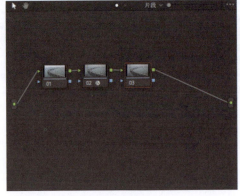

图 5-45

（7）在"特效库"面板中，选择名为"电影感外观创作器"的效果，将其添加至编号 03 的节点上，如图 5-46 所示。

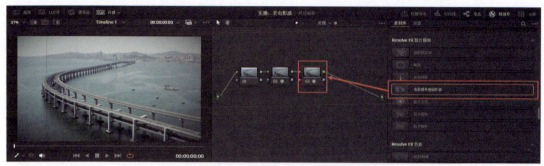

图 5-46

（8）切换至"设置"标签页，将预设调整为"电影感（遮幅）"，如图 5-47 所示。

图 5-47

（9）更改"电影感外观"选项栏下方的"Core Lock"选项，使画面质感更好，如图 5-48 所示。

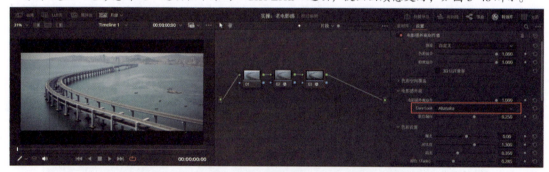

图 5-48

（10）完成上述操作后，预览视频画面效果，如图 5-49 所示。

图 5-49

─── 拓展案例：制作丁达尔光效 ───

在本节中，我们认识并了解了"FX效果（特效库）"面板，请读者结合前面所学知识，使用 DaVinci 制作一个丁达尔光效视频，如图 5-50 所示。

图 5-50

5.2 熟练使用Fusion，打造震撼的视听体验

"Fusion"页面主要用于合成特效，合成之前需要用专门的特效镜头拍摄并进行 3D 制作，然后通过抠像、绘制、遮罩、粒子、跟踪及编程等工具合成真实的视频效果。但在现在的 DaVinci 中，使用普通的视频素材也能在"Fusion"面板中制作各种视频特效。

"Fusion"页面仍然使用节点式的工作流程，与 After Effects 等视频编辑软件的合成方式有所不同，读者在学习时需要特别注意。

5.2.1 "Fusion"页面详解

1. 页面介绍

在前面的章节中，我们将"Fusion"页面简单分为了 3 大板块，但"Fusion"页面如果要进行细分的话，则可以分为"界面工具栏""媒体池""特效库""检视器""时间线""工具栏""节点""片段""检查器"和"元数据"区域，如图 5-51 所示。

图 5-51

DaVinci 在更新版本中新增了竖版"节点"面板，对于习惯使用 Nuke 合成软件的用户非常友好。要使用竖版的"节点"面板，可以执行"工作区 > 布局预设 >Fusion 预设 >Mid Flow 或 Left Flow"命令进行

切换，如图 5-52 所示。

"媒体池""片段""元数据"等面板之前已经介绍过，这里不再重复介绍。

2.Fusion 设置

使用 Fusion 前，别忘了先在偏好设置对话框中为其设置充足的内存空间，确保工作顺畅。在偏好设置对话框中选择"系统 – 内存和 CPU"选项，将"限制 Fusion 内存缓存"调整到最大，如图 5-53 所示。在主界面的右下角会显示当前的内存缓存限额和已经使用的百分比。

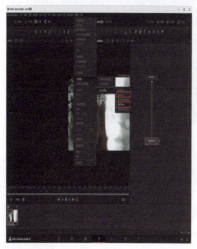

图 5-52

图 5-53

"Fusion"菜单中有以下几个命令："Show Toolbar"（显示工具栏）、"Fusion Settings"（Fusion 设置）、"Reset Composition"（重置工程文件）、"Macro Editor"（宏编辑器）、"Import"（导入）、"Render All Savers"（渲染所有保存器节点），如图 5-54 所示。

> 提示：具体名称可能和您使用的版本有些许不同，请结合自己使用的版本进行实践。

Fusion 设置界面如图 5-55 所示，其中主要包括"3D View""Defaults"（在这里可以设置时间线时间码的显示状态）、"Flow""Frame Format"（帧格式，在这里可以设置分辨率、帧速率、色深等）、"General"（在这里可以进行自动保存设置）、"Path Map""Script""Spline Editor""Splines""Timeline""Tweaks""User Interface""View""VR Headsets""Import"等选项。注意，部分设置可能需要重新启动 DaVinci 才能生效。

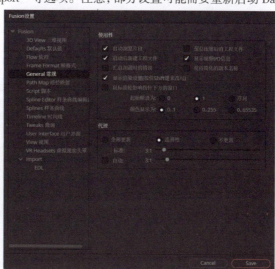

图 5-54   图 5-55

5.2.2　Fusion节点基础知识

"Fusion"页面中的节点与"调色"页面中的节点截然不同,"Fusion"面板中的每一个节点都有特定的功能,它们通过连接线连接成节点树,可实现复杂的合成效果。

基础节点包括媒体输入和输出节点等,如图5-56所示。

图 5-56

每个节点包括一个蓝色三角形入点和一个白色正方形出点。当光标在节点的连接点、节点自身或连接线上悬停时,会出现详细的提示信息。节点上有红框表示节点处于选中状态。节点左下方的两个小圆点(全屏输出时会变成3个)表示画面输出到哪个检视器上。可以单击节点左侧的小圆点,可以按数字键,也可以直接拖曳节点到检视器上,还可以在节点的右键菜单中执行"View On>LeftView 或 RightView"命令选择输出的检视器。

节点名称可以修改,在节点上右击,在弹出的菜单中执行"Rename"命令即可修改节点名称,也可以按快捷键"F2"。

添加节点的方法有很多:可以直接单击工具栏上的节点按钮或将其拖曳到"节点"面板上;可以在"效果(特效库)"面板中单击或拖曳节点;可以按快捷键"Shift+Space",打开选择工具对话框,直接输入节点名称,然后在节点上双击,如图5-57所示;可以在"节点"面板上右击,在弹出的菜单中执行"Add Tool"命令,再选择需要的节点。

图 5-57

> 提示:可以直接将节点拖曳至连接线上,当连接线变为一半黄色一半蓝色时松开鼠标,这样就可以直接添加并自动连接节点。当节点处于选中状态时,单击添加新节点,新节点会自动与选择的节点合成输出。当把新节点拖曳至某一节点上方时,可以替换该节点。

按住鼠标中键并拖曳可以调整"节点"面板的位置,按住快捷键"Ctrl"并滚动鼠标中键可以放大或缩小"节点"面板。当节点超出显示区域时,会在右上角出现导览窗口,如图5-58所示,白色框线表示"节点"面板中显示的节点。可以直接在导览窗口上拖曳,也可以拖曳导览窗口的左下角调整其大小。

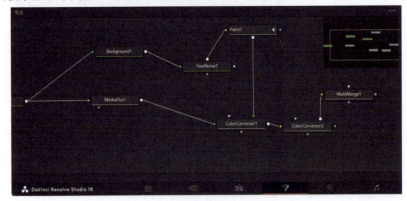

图 5-58

在"节点"面板上右击，在弹出的菜单中执行"Arrange Tools（排列工具）"命令，可以方便地整理节点。当选择某个节点时，底部状态栏中会显示该节点的状态信息。

若干个节点共同完成某一特定合成后，可以将它们组成组，这样会节省空间，操作起来逻辑更加清晰。直接在"节点"面板上拖曳选中的节点并右击，在弹出的菜单中执行"组"命令（快捷键为"Ctrl+G"），选中的节点会变成成组的节点，如图 5-59 所示。如果想要继续编辑，则可以双击成组节点，将其展开。要重命名成组节点，可以右击该成组节点，在弹出的菜单中执行"Rename"命令（快捷键"F2"）。

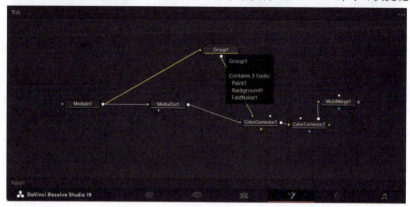

图 5-59

在"Fusion"面板中可以添加各种节点，接下来我们将进行详细地介绍。

1."Background"节点

顾名思义，"Background"节点可以用来添加背景，背景可以是纯色、渐变色或是透明的。该节点还可以用来制作合成物料，其设置比较简单，如图 5-60 所示。

"Color"标签页主要用来设置背景颜色，"Type"下拉列表用来选择使用纯色还是渐变色等，底部的"Alpha"参数用来设置透明度。

"Image"标签页用于控制分辨率，取消勾选"Auto Resolution"复选框即可自定义宽度与高度，如图 5-61 所示。

图 5-60

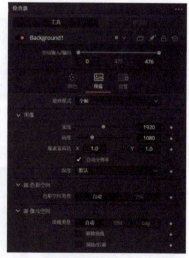

图 5-61

2."FastNoise"节点

"FastNoise"节点用来生成类似烟雾的噪波效果，如图 5-62 所示，这是制作简单的烟雾、火焰等效果的基础。

该节点的主要设置如图 5-63 所示。

图 5-62   图 5-63

·"Noise(噪波)"标签页用于设置生成的噪波效果，勾选底部的"Discontinuous(间断)"复选框可以产生更强烈的效果。

·"Color(颜色)"标签页用于设置生成的噪波的颜色，有双色和渐变色两种选择。

3. "Text"节点

"Text"节点专门用来制作文字效果，其功能非常强大，几乎所有与文字相关的效果都可以用该节点完成（3D 文字的效果需要使用 3D Text 节点来完成）。

"Text"标签页用于设置 Font(字体)、Color(颜色)、Size(大小)等，这些参数都可以用来设置关键帧动画，如图 5-64 所示。

"Layout(布局)"标签页如图 5-65 所示，它常被用来设置文字的动画效果，其中"Type"参数使用较多，可以将其设置成"Path(路径)"，然后直接在"检视器"面板中绘制文字路径，如图 5-66 所示。

图 5-64   图 5-65   图 5-66

"Transform(变换)"标签页如图 5-67 所示，"Transform(变换)"选项栏用于选择是对每个字幕单独进行变换还是对整行进行变换，效果如图 5-68 所示。

图 5-67   图 5-68

"Shading（着色）"标签页如图 5-69 所示，它常被用来制作描边、阴影、背景等各种效果。

例如，在"Select Element（选择元素）"选项栏中选择"2"选项，勾选"启用"复选框，即可进行设置，使用预设好的描边效果，如图 5-70 所示。前几个数字都是预设好的效果，读者可以直接使用，也可以使用新的数字自定义效果。

图 5-69　　　　　　　　　　　　　　　　图 5-70

最后两个标签页是通用的，这里不再赘述。

4."Paint"节点

"Paint"节点通常用来修复画面、清理墙面、移除钢丝等，该节点同样非常常用，而且它的功能也非常强大。"Paint"节点可以连接到"Media"节点或"Background"节点上使用。选择"Paint"节点后，"检查器"面板中的参数如图 5-71 所示。

· "Brush Controls（笔刷控制）"选项栏用来设置笔刷类型、大小和强度。

· "Apply Controls（应用控制）"选项栏中的"Apply Mode（应用模式）"从左至右依次为：颜色、克隆、浮雕、橡皮擦、混合、涂抹、印章和钢丝移除。

"Paint"节点要配合"检视器"面板顶部的"工具栏使用，工具栏中的按钮从左至右依次为"选择""复合笔触""克隆笔触""单笔触""贝塞尔笔触""圆形""方形""自定义椭圆""自定义矩形""填充""成组"，如图 5-72 所示。

绘制完成的笔触可以在"检查器"面板的"Modifier（修改器）"标签页中找到，如图 5-73 所示，双击笔触名称可以将其展开并进行设置。

图 5-71　　　　　　　　图 5-72　　　　　　　　图 5-73

下面对个别常用工具进行简要的使用说明。

·复合笔触（Multistorke）：类似常用的画笔工具，单击该按钮后可以任意绘制，在"Modifiers（修改器）"标签页中只显示一个笔触（再次单击该按钮会新建一个笔触）。

·单笔触（Stroke）：只需要在"检视器"面板上单击该按钮就会生成一个笔触。

·克隆笔触（CloneMultistorke）：在"检视器"面板上会显示中心有一个红叉的圆圈，使用时需要时按住快捷键"Alt"单击进行采样（红叉在采样位置），然后在新位置进行绘制。

·贝塞尔笔触（PolylineStroke）：可以精确地进行控制，使用其绘制完成的形状仍然是笔触，而不是多边形。

·圆形、方形不多介绍。使用3个自定义形状工具时先进行绘制，然后在"Apply Controls（应用控制）"选项栏中选择填充、克隆（拖曳即可看出效果）、浮雕等各种效果。

·填充（Fill）：可以为形状填充颜色。

·成组（PaintGroup）：可以将笔触编制成组。

5. "Tracker"节点

"Tracker"节点在合成中应用得非常广泛，例如替换画框或电视中的图像、修复墙上涂鸦、跟踪文字标注等。跟踪可根据画面分为点跟踪、面跟踪、摄像机跟踪等。

跟踪要先有跟踪目标，可以将"Tracker"节点拖曳并连接到"MedianIn"节点上，如图5-74所示。

图 5-74

此时在"检视器"面板中出现了一个跟踪器，选中该跟踪器即可在"检查器"面板中修改具体参数，如图5-75所示。

图 5-75

DaVinci "Fusion"面板中的节点有很多种，在此我们仅介绍了最常用的5种。

5.2.3 实操：制作动态标题特效

使用 DaVinci，我们能够制作各种特效，在本小节中，我们将介绍制作动态标题特效的具体步骤。

（1）启动 DaVinci，新建剪辑项目后，导入名为"古建筑"的视频素材至剪辑项目中，添加该素材至"媒体池"面板中，如图5-76所示。

图 5-76

（2）切换至"剪辑"页面，添加该素材至"时间线"面板中。

（3）切换至"Fusion"页面，在"节点"面板的空白处，右击展开快捷菜单，执行"所有工具对齐到网格"命令，如图 5-77 所示，可以让节点更加整齐地排列在网格上。

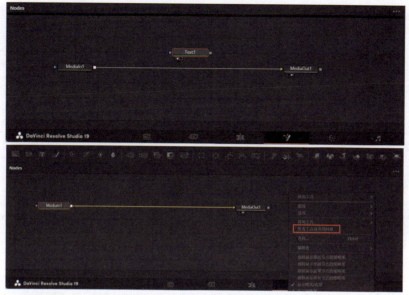

图 5-77

（4）在"节点"面板中添加一个"Text1"节点，选择"Text1"节点，按数字键 1，将其显示在视图 1 上。选择"MediaOut1"节点，按数字键 2，将其显示在视图 2 上。如图 5-78 所示。

图 5-78

（5）选择"Text1"节点，展开"检查器"面板，进入"Text"标签页，输入"烟雨江南"文字内容，修改字体、颜色等参数，如图 5-79 所示。

（6）移动光标至文本输入框，右击文本输入框，展开快捷菜单，执行"跟踪器"命令，如图 5-80 所示。

图 5-79　　　　　　　　　图 5-80

（7）执行该命令后，单击"修改器"选项，切换至"修改器"标签页，调整各项参数，如图 5-81 所示。

（8）切换至"着色"子标签页，在"柔和度"选项栏下，添加 X 轴和 Y 轴关键帧，并调整参数，如图 5-82 所示。

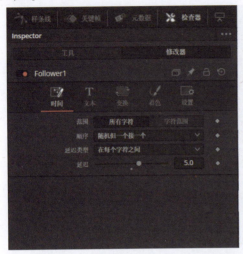 

图 5-81   图 5-82

（9）移动播放头至 60.0 处，添加关键帧，调整"X 轴"和"Y 轴"参数，如图 5-83 所示。

图 5-83

（10）添加一个"Merge"节点，将"Text1"节点和"MediaIn1"节点都与该节点相连，如图 5-84 所示。

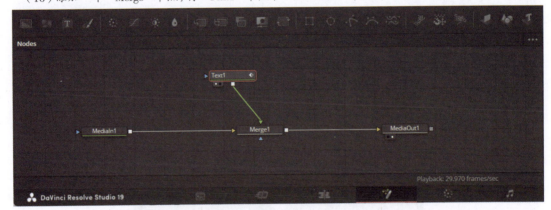

图 5-84

（11）移动播放头至最开始处，选中"Text1"节点，在"检查器"面板中添加一个"不透明度"关键帧，并调整不透明度参数，如图 5-85 所示。

图 5-85

（12）移动播放头至 60.0 处，再次添加一个"不透明度"关键帧，并调整其参数，如图 5-86 所示。

图 5-86

（13）完成上述操作后，预览视频画面效果，如图 5-87 所示。

图 5-87

5.2.4　实操：制作镂空文字效果

在很多视频中，都可以添加镂空文字效果来吸引读者，该效果不仅可以使用 AE 进行制作，也可以使用 DaVinci 进行制作。

（1）启动 DaVinci 后，新建剪辑项目，导入名为"林间"的视频素材和名为"纹理"的图片素材至剪辑项目中，添加该素材至"媒体池"面板中，如图 5-88 所示。

图 5-88

（2）切换至"剪辑"页面，添加名为"林间"的视频素材至"时间线"面板中。

（3）切换至"Fusion"页面，添加"Text1"节点，如图5-89所示。添加后，选中"Text1"节点，按数字键1，使其显示在左边的检视器中；选中"MediaOut1"节点，按数字键2，使其显示在右边的检视器中。

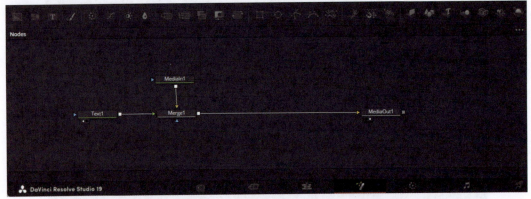

图5-89

（4）选中"Text1"节点，在"检查器"面板中更改其参数，如图5-90所示。

图5-90

（5）选中"Merge1"节点，在"检查器"面板中修改其运算方式，如图5-91所示。

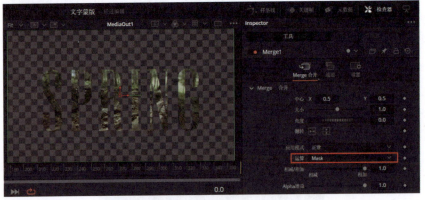

图5-91

（6）选中"Merge1"节点，添加一个背景节点，如图5-92所示。

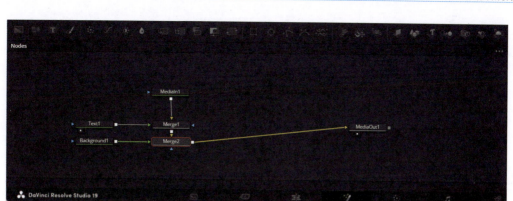

图 5-92

提示：在 DaVinci 中，节点与节点之间的连线若是绿色，则代表绿色连线出发的节点位于上层；连线若是黄色则代表该节点位于下层。

（7）选中"Merge2"节点与"Text1"节点，按快捷键"Ctrl+T"切换上下层关系，切换后如图 5-93 所示。

图 5-93

（8）选中"Text1"节点，添加一个变换节点，添加后如图 5-94 所示。

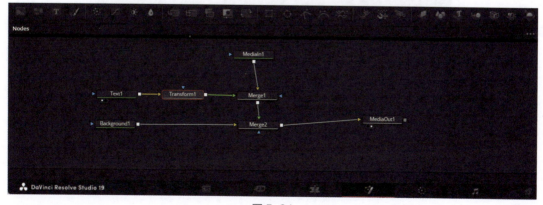

图 5-94

（9）选中"Transform1"节点，在"检查器"面板中调整参数，如图 5-95 所示。

155

图 5-95

（10）完成上述操作后，预览视频画面效果，如图 5-96 所示。

图 5-96

拓展案例：制作金属文字特效

请读者结合前面所学知识，使用 DaVinci 的 "Fusion" 页面，通过 "Fusion" 面板制作一个金属文字特效视频，如图 5-97 所示。

图 5-97

06

第6章
电影感短视频剪辑实操，
轻松制作朋友圈大片

本章导读

　　这一章将带你走进电影感短视频的世界。从王家卫风格的情绪短片，到充满日系风情的海边度假Vlog，你将学会如何用简单的剪辑技巧，把生活中的点滴瞬间变成朋友圈中的"大片"。跟着我们一步一步来，让你的每一帧都充满情感和故事感。

6.1 把生活拍成电影，制作王家卫风格情绪短片

有没有想过，自己的日常也可以像电影一样富有情感？这一节，我们将一起学习如何制作王家卫风格的情绪短片。用镜头讲故事，捕捉生活中的每一个细腻瞬间，让你的短视频像电影一样有感觉。

6.1.1 导入素材进行剪辑

先从导入素材开始，把你拍下的每一幕都带到 DaVinci 中来。素材导入后，整理好，接下来的创作才会顺畅。

（1）启动 DaVinci 后，新建一个剪辑项目。导入名为"旗袍"的视频素材和名为"背景音乐"的音频素材至剪辑项目中，并添加该素材至"媒体池"面板中，如图 6-1 所示。

图 6-1

（2）切换至"剪辑"页面，添加素材至"时间线"面板中，如图 6-2 所示。

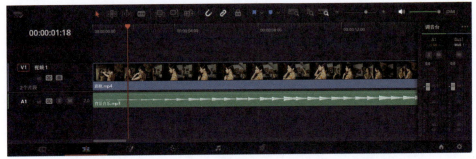

图 6-2

（3）选中名为"旗袍"的视频素材，在"检查器"面板中开启"稳定"功能，勾选"缩放"复选框，如图 6-3 所示，勾选后单击"稳定"按钮，即可应用稳定效果。

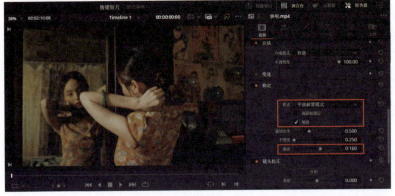

图 6-3

（4）完成上述操作后，视频的粗剪就已经完成了。

6.1.2　确立素材调色色调

调色是短片风格的灵魂。我们会选择王家卫风格的调色基础预设，为你的短视频赋予情绪和色彩的深度。

（1）切换至"调色"页面，按快捷键"Alt+S"，添加一个串行节点，如图 6-4 所示。

（2）在王家卫风格中，亮部偏向橙色，暗部偏向绿色，通过这种对比色搭配，使画面更有质感，所以我们先切换至"一级·校色轮"标签页，使用校色轮改变画面色彩，同时调整阴影、高光、饱和度参数，如图 6-5 所示。

图 6-4　　　　　　　　　　　　　　　　　　　　　图 6-5

（3）按快捷键"Alt+L"，添加一个图层混合节点，选中编号 03 的节点，展开"特效库"面板，添加名为"高斯模糊"的特效至编号为 03 的节点上，如图 6-6 所示。

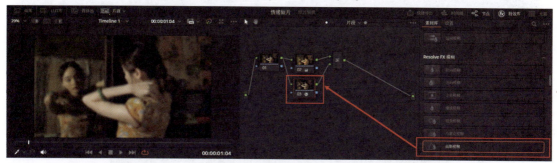

图 6-6

（4）右击图层混合节点，展开快捷菜单，执行"合成模式–滤色"命令，并在"检查器"面板中调整参数，如图 6-7 所示。

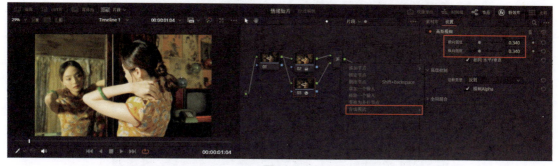

图 6-7

（5）选中图层混合节点，按快捷键"Alt+S"，在图层混合节点后添加一个串行节点。选中编号为 05 的节点，切换至"曲线–自定义"标签页，调整曲线，如图 6-8 所示。

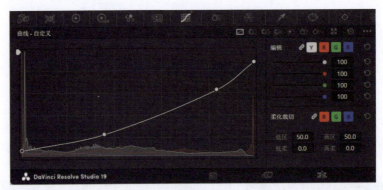

图 6-8

（6）按快捷键 "Alt+S"，再次添加一个串行节点，在"特效库"面板中选择"胶片颗粒"效果，添加至编号为 06 的节点上，如图 6-9 所示。

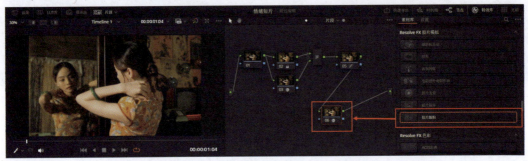

图 6-9

（7）按快捷键 "Alt+S"，再次添加一个串行节点，切换至"曲线-自定义"标签页，添加两个控制点，调整曲线，如图 6-10 所示。

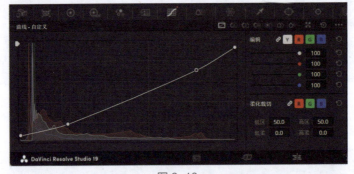

图 6-10

（8）切换至"一级·校色轮"标签页，适当调整色温、对比度、色彩增强等参数，如图 6-11 所示。

图 6-11

（9）完成上述操作后，视频素材的调色工作就已全部完成了。

6.1.3　为视频制作字幕效果

字幕不仅仅是文字，它是情感的载体。我们将教你如何为视频添加精美的字幕效果，让你的短视频更加生动。

（1）切换至"剪辑"页面，单击"特效库"面板，在"特效库"面板中选择合适的字幕预设效果，将其添加至"时间线"面板中，如图 6-12 所示。

图 6-12

（2）选中 V2 轨道上的字幕，在"检查器"面板中，调整字幕参数和字幕内容，调整后如图 6-13 所示。

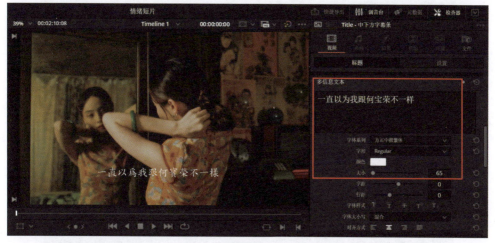

图 6-13

（3）调整字幕时长为 3s，如图 6-14 所示。

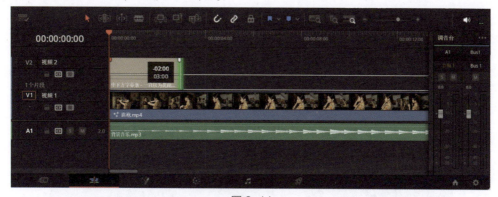

图 6-14

（4）移动光标至 V2 轨道的字幕上，字幕两端会出现控制点，拖曳控制点可以调整字幕的渐入渐出时长，如图 6-15 所示。

161

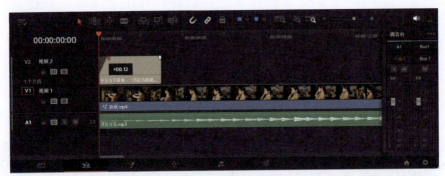

图 6-15

（5）参考上一步骤，调整字幕的渐出时长，如图 6-16 所示。

图 6-16

（6）选中 V2 轨道上的第一段字幕，按快捷键"Ctrl+C"，执行复制操作。移动播放头至 00：00：04：00 处，按快捷键"Ctrl+V"，粘贴字幕，如图 6-17 所示。

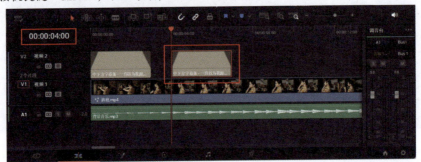

图 6-17

（7）选中 V2 轨道上的第二段字幕，在"检查器"面板中修改字幕内容，如图 6-18 所示。

图 6-18

（8）参考步骤 6 和步骤 7，移动播放头至 00：00：08：00 处，添加第三段字幕，并在"检查器"面板中修改字幕内容，如图 6-19 所示。

图 6-19

（9）完成上述操作后，短视频的字幕就已经制作完成了。

6.1.4　为视频添加背景音乐

合适的背景音乐会让视频的情绪升华，也能够渲染视频的整体氛围。在本小节中，我们将画面与音乐相结合，提高视频质量。

（1）选中"时间线"面板中的音频素材，移动播放头至 00：00：06：06 处，按快捷键"Ctrl+B"，分割音频素材，如图 6-20 所示。

图 6-20

（2）移动后半段音频素材至 A2 轨道上，如图 6-21 所示。

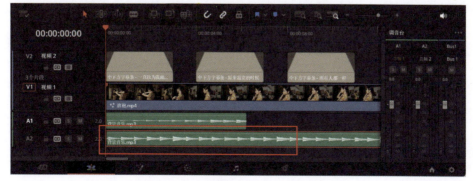

图 6-21

（3）移动光标至 A1 轨道中音频素材的音量指示线上，并向上拖曳调整音量，如图 6-22 所示。

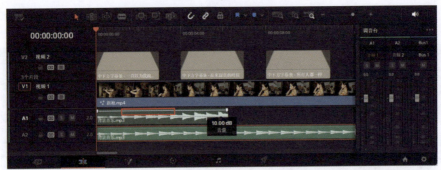

图 6-22

（4）移动光标至 A1 轨道中的音频素材上，按住控制点调整音频素材的淡入淡出时长，如图 6-23 所示。

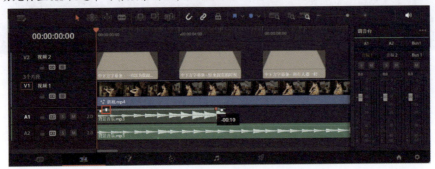

图 6-23

（5）参考上一步骤，调整 A2 轨道上的音频素材淡入时长，如图 6-24 所示。

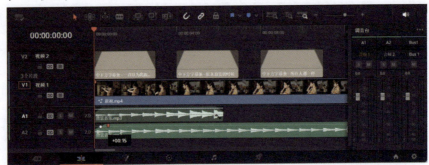

图 6-24

（6）移动播放头至视频素材结束处，选中 A2 轨道上的音频素材，按快捷键"Ctrl+B"，分割音频素材。分割后删除多余音频片段，使音频素材时长与视频素材时长保持一致，如图 6-25 所示。

图 6-25

（7）移动光标至 A2 轨道中的音频素材上，调整其淡出时长，如图 6-26 所示。

图 6-26

（8）完成上述操作后，视频的背景音乐就已经添加完成了。

6.1.5 交付输出制作的视频

一切完成后，最后一步是交付输出。在"交付"页面中根据将要上传或分享的平台来设置参数，把制作好的短视频完美保存。

（1）切换至"交付"页面，在"渲染设置"面板中，设置好文件名和位置，完成设置后，单击"添加至渲染队列"按钮，如图 6-27 所示。

（2）单击"添加到渲染队列"按钮后，DaVinci 会自动展开"渲染队列"面板，单击"渲染所有"按钮，即可开始渲染，如图 6-28 所示，同时提示渲染进度，如图 6-29 所示。

图 6-27

图 6-28

图 6-29

（3）完成上述操作后，视频制作完成，其中一帧的画面效果如图 6-30 所示。

图 6-30

> 提示：在拍摄素材时，可以使用大幅度的人物动作和镜头运动，能够让添加的定格动画与拖尾效果更加明显。

6.2 保持热爱奔赴山海，制作日系海边度假Vlog

每一次旅行都值得被记录。无论是海风拂面的度假时光，还是沿途的美丽风景，都能通过视频让你的回忆永恒。这一节，我们将一起制作一个日系风格的海边度假Vlog，让你的旅行故事充满诗意和浪漫。

6.2.1 导入素材进行剪辑

带上你的旅行素材，我们从剪辑开始。无论是海浪的拍打声，还是阳光下的美景，都值得精心编辑。

（1）启动DaVinci，新建剪辑项目后，导入名为"素材1"至"素材5"的视频素材和名为"吉他"的音频素材，并添加至"媒体池"面板中，如图6-31所示。

（2）切换至"快编"页面，选中"素材1"，在"检视器"面板中按快捷键"I"和"O"为其添加入点与出点，其中入点位置为00:00:18:10，出点位置为00:00:21:14，如图6-32所示。添加入点与出点后将素材添加至"时间线"面板中。

图6-31　　　　　　　　　　　　　　图6-32

（3）参考步骤（2），对剩下所有的视频素材进行同样的操作，并添加至"时间线"面板中，如图6-33所示。

图6-33

素材的入点与出点位置如表 6-1 所示。

表 6-1

素材名称	入点位置	出点位置	素材时长
素材 1	00：00：18：10	00：00：21：14	00：00：03：05
素材 2	00：00：00：00	00：00：02：29	00：00：03：00
素材 3	00：00：00：00	00：00：04：29	00：00：05：00
素材 4	00：00：00：00	00：00：06：29	00：00：07：00
素材 5	00：00：00：00	00：00：10：29	00：00：11：00

（4）切换至"剪辑"页面，右击"素材 3"，展开快捷菜单，执行"链接片段"命令，将视频片段与音频片段取消链接，如图 6-34 所示。

图 6-34

（5）完成上一步骤后，选中多余的音频片段，删除该片段，删除后如图 6-35 所示。

图 6-35

（6）完成上述操作后，视频的粗剪就已经全部完成了。

6.2.2 确立素材调色色调

日系风格的调色，画面柔和色彩清新。我们将在本小节中结合实例进行调色，让你的视频看起来既有质感又充满夏日气息。

（1）切换至"调色"页面，展开"LUT 库"面板，在其中找到合适的 LUT 效果，并将其应用至"节点"面板中编号为 01 的节点上，如图 6-36 所示。

图 6-36

（2）参考上一步骤，单击"片段"面板中的素材，进行切换。为编号 1、2、3、5 的素材，都添加该 LUT 效果，实现画面的基础色调统一。

提示："节点"面板中可以选择对片段应用节点效果或是对时间线上的所有片段应用节点效果。

（3）在"节点"面板中切换至"时间线"选项，并按快捷键"Alt+S"，添加一个串行节点，如图 6-37 所示。

图 6-37

（4）按快捷键"Alt+L"，添加一个图层混合节点，如图 6-38 所示。

图 6-38

（5）展开"特效库"面板，添加"高斯模糊"效果至编号为 02 的节点上，如图 6-39 所示。

图 6-39

（6）右击图层混合节点，展开快捷菜单后，执行"合成模式－柔光"命令。调整编号为 02 的节点效果参数，如图 6-40 所示。

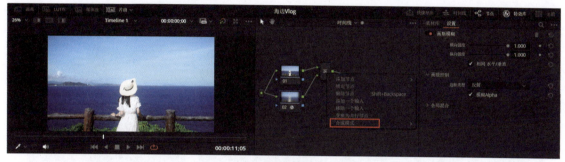

图 6-40

（7）选中图层混合节点，按快捷键"Alt+S"，再次添加一个串行节点。选中编号为 04 的节点，切换至"一级·校色轮"标签页，调整参数，降低色彩饱和度，让色彩更加清新。调整色温，使画面整体偏冷，如图 6-41 所示。

图 6-41

（8）按快捷键"Alt+S"，添加一个串行节点。选中编号为 05 的节点，切换至"曲线－自定义"标签页，添加两个控制点，调整曲线，降低画面中明暗部分的反差，如图 6-42 所示。

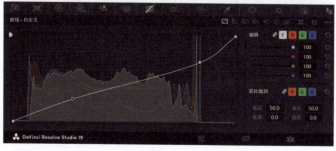

图 6-42

（9）切换至"曲线－色相对饱和度"曲线，选中蓝色色块，适当降低蓝色的饱和度，让画面更具清透感，如图6-43所示。

图6-43

（10）按快捷键"Alt+S"，添加一个串行节点，切换至"色彩扭曲器"标签页，调整画面色彩，使蓝色和绿色都偏向青色，如图6-44所示。

（11）在"节点"面板中切换为"片段"，如图6-45所示。

图6-44　　　　　　　　　　　　　　　图6-45

（12）在不同情况下拍摄的素材，经过统一调色后还是会存在些许差异。DaVinci 中的"镜头匹配"功能就能在不同素材之间进行快速匹配，实现画面色彩的基本统一。

选中需要进行镜头匹配的素材，右击用来进行镜头匹配的素材，展开快捷菜单，执行"与此片段进行镜头匹配"命令，如图6-46所示。

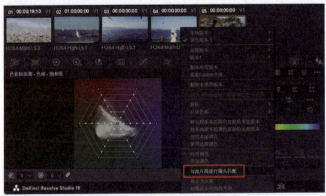

图6-46

（13）完成上述操作后，视频的调色工作就完成了。

6.2.3　添加转场过渡效果

合适的转场效果能够让视频素材之间的过渡更加自然，也可以添加在视频的开始与结束位置，让视频的开始与结束能够更加自然。

（1）切换至"剪辑"页面，展开"特效库"面板，在"视频转场"分类中找到合适的转场效果，将其添加至视频素材的开始处，如图6-47所示。

图6-47

（2）参考上一步骤，添加视频转场效果至素材结束处，如图6-48所示。

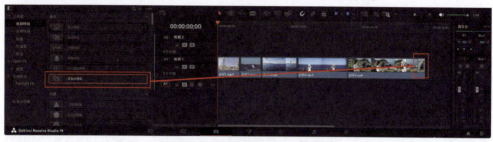

图6-48

（3）选中"时间线"面板中的转场效果，在"检查器"面板中调整转场效果时长，调整后如图6-49所示。

图6-49

（4）完成上述操作后，视频的转场效果就添加完了。

6.2.4　为视频制作字幕效果

在你的 Vlog 中加入简洁的字幕，既能增加情感层次，又能帮助传达旅行中的感悟。DaVinci 中的字幕预设能够帮助用户快速添加字幕，并进行编辑。

（1）在"特效库"面板中选择合适的字幕效果，将其添加至"时间线"面板中，并调整字幕的时长与位置，如图6-50所示。

图6-50

（2）选中字幕，在"检查器"面板中，更改"Large Text"字幕内容、大小和字体，其中"Small Text"仅更改内容，如图6-51所示。

图6-51

（3）移动播放头至00：00：03：15处，添加一段字幕至"时间线"面板中，并调整字幕时长，如图6-52所示。

图6-52

（4）选中第二段字幕，在"检查器"面板中更改字幕内容、字体和文字大小，如图6-53所示。

图6-53

（5）切换至"设置"标签页，调整位置参数，如图6-54所示。

图6-54

（6）在"时间线"面板中更改字幕的淡入淡出时长，如图 6-55 所示。

图 6-55

（7）复制第二段字幕，移动播放头至 00：00：07：00 处，粘贴字幕，如图 6-56 所示。

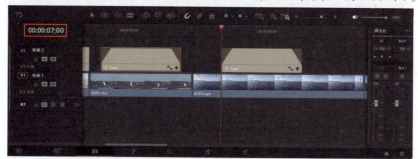

图 6-56

（8）在"检查器"面板中更改第三段字幕内容，如图 6-57 所示。

图 6-57

（9）移动播放头至 00：00：19：00 处，粘贴字幕，如图 6-58 所示。

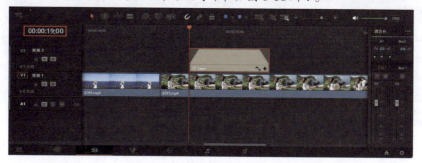

图 6-58

（10）选中第四段字幕，在"检查器"面板中更改字幕内容，如图 6-59 所示。

图 6-59

（11）完成上述操作后，视频的字幕效果就制作完成了。

6.2.5 为视频添加背景音乐

日系 Vlog 常常配上柔和的背景音乐，营造轻松愉悦的氛围。可以选择吉他、钢琴、提琴这类器乐演奏的音乐作为背景音乐，非常契合海边度假的轻松氛围。

（1）添加名为"吉他"的音频素材至"时间线"面板中，如图 6-60 所示。

图 6-60

（2）选中"时间线"面板中的音频素材，移动播放头至 00：00：01：05 处，分割音频素材，如图 6-61 所示。

图 6-61

（3）完成分割后，删除没有波形的音频片段，将剩下的音频片段前移，如图 6-62 所示。

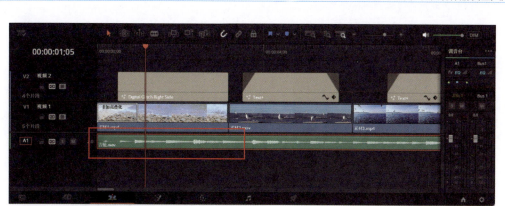

图 6-62

（4）选中"时间线"面板中的音频素材，移动播放头至视频素材结束处，分割音频素材，如图 6-63 所示，完成分割后，删除多余片段，使音频素材时长与视频素材时长保持一致。

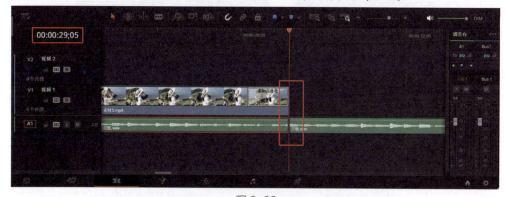

图 6-63

（5）移动光标至音频素材上，调整音频素材的淡出时长，如图 6-64 所示。

图 6-64

（6）完成上述操作后，视频的背景音乐就添加完成了。

6.2.6　交付输出制作的视频

最后一步，交付输出你的视频，让它可以在朋友圈中闪耀，向大家分享你的轻松旅程。

（1）切换至"交付"页面，在"渲染设置"面板中，选择"H.265"预设，并设置好文件名和保存位置，单击"添加到渲染队列"按钮，如图 6-65 所示。

（2）在"渲染队列"面板中，单击"渲染所有"按钮，即可开始渲染导出工作，如图 6-66 所示。

图 6-65   图 6-66

（3）完成上述操作后，视频输出完成，视频画面效果如图 6-67 所示。

图 6-67

07

第7章
广告视频剪辑实操，用技术赢得广告主的青睐

本章导读

这一章带你走进广告视频制作的世界。从甜品广告的温馨甜美，到茶饮宣传片的静谧雅致，掌握专业的剪辑技巧，你也能成为广告主心中的技术达人。

7.1 给生活来点甜，制作甜品广告视频

甜品广告不仅是视觉的享受，更是甜蜜氛围的传递。我们将一起学习如何通过精准的剪辑，让每一块蛋糕、每一颗糖果都看起来香甜可口，让观众看了就忍不住想下单。

7.1.1 导入素材进行剪辑

将拍好的甜品素材导入 DaVinci，进行粗剪，让后续的剪辑更加高效。

（1）启动 DaVinci，新建剪辑项目后，导入"素材1"至"素材7"的视频素材和名为"背景音乐"的音频素材至"媒体池"面板中，如图7-1所示。

（2）切换至"快编"页面，选中"素材1"，在"检视器"面板中为其添加入点与出点，入点位置为00：00：01：00，出点位置为00：00：03：49，如图7-2所示。

图 7-1

图 7-2

（3）参考上一步骤，为剩下所有的视频素材都添加入点与出点，如图7-3所示。

图 7-3

素材出入点位置如表7-1所示。

表 7-1

素材名称	入点位置	出点位置	素材时长
素材 1	00：00：01：00	00：00：03：49	00：00：03：00
素材 2	00：00：01：00	00：00：03：24	00：00：03：00
素材 3	00：00：00：20	00：00：05：19	00：00：05：00
素材 4	00：00：00：15	00：00：03：04	00：00：02：15
素材 5	00：00：01：00	00：00：09：24	00：00：09：00
素材 6	00：00：01：00	00：00：06：24	00：00：06：00
素材 7	00：00：02：00	00：00：04：24	00：00：03：00

（4）切换至"剪辑"页面，框选"时间线"面板上的所有视频素材，右击素材展开快捷菜单，执行"链接片段"命令，使视频素材与音频素材分开，如图7-4所示。

图 7-4

（5）执行"链接片段"命令后，视频素材与音频素材取消链接。框选所有的音频素材，如图7-5所示。

图 7-5

（6）框选后删除多余的音频素材，如图7-6所示。

图 7-6

（7）完成上述操作后，视频的粗剪就完成了。

7.1.2 调整画面色彩风格

甜品广告的画面色彩一般鲜艳饱满，所以在调色时我们要使画面偏向暖色，赋予每一块甜品诱人的视觉效果。

（1）切换至"调色"页面，在"节点"面板中切换至"时间线"，按快捷键"Alt+S"，添加一个串行节点，如图7-7所示。

（2）选中编号为01的节点，切换至"一级·校色轮"标签页，调整参数，恢复画面细节，调整色

179

温使画面偏暖，如图 7-8 所示。

图 7-7

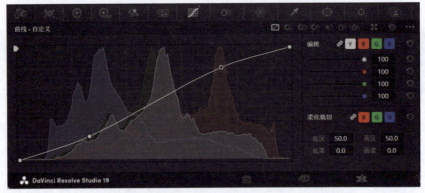

图 7-8

（3）按快捷键"Alt+S"，添加一个串行节点，选中编号为 02 的节点，切换至"曲线 – 自定义"标签页，添加两个控制点，调整曲线，使画面明暗反差更加明显，如图 7-9 所示。

图 7-9

（4）完成整体的调色后，在"节点"面板中切换至"片段"，对每段素材进行色彩还原，如图 7-10 所示。

图 7-10

（5）选中编号为 02 的视频素材，切换至"曲线 – 自定义"标签页，展开设置菜单，执行"直方图 – 输出"命令，切换直方图显示为"输出"，如图 7-11 所示。

图 7-11

（6）在曲线上添加控制点，调整曲线，如图 7-12 所示，从而将集中在一起的颜色分散，以恢复画面细节。

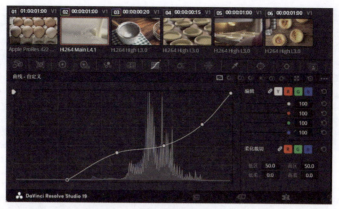

图 7-12

（7）选中编号为 03 的视频素材，切换至"曲线 – 自定义"标签页，参考上一步骤在曲线上添加控制点，并调整曲线，如图 7-13 所示。

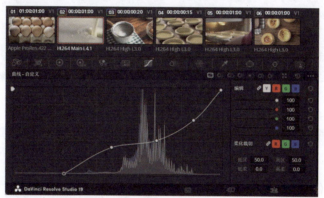

图 7-13

（8）选中编号为 06 的视频素材，切换至"曲线 – 自定义"标签页，参考步骤 6 在曲线上添加控制点，并调整曲线，如图 7-14 所示。

图 7-14

（9）完成上述操作后，视频的调色就完成了。

7.1.3　为视频制作字幕效果

字幕是广告的重要部分。在视频中添加文字介绍，突出甜品特点，同时让画面更具商业吸引力。

（1）展开"特效库"面板，选择预设的字幕效果，将其添加至"时间线"面板中的 V2 轨道上，如图 7-15 所示。

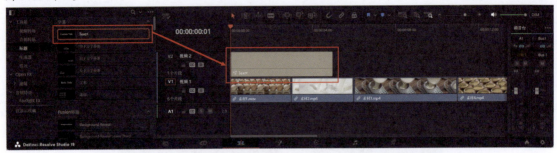

图 7-15

（2）选中 V2 轨道上的字幕，调整字幕时长，如图 7-16 所示。

图 7-16

（3）展开"检查器"面板，更改字幕内容、字体、大小等参数，如图 7-17 所示。

图 7-17

（4）在字幕开始处，添加一个书写关键帧，并调整其参数，如图 7-18 所示。

图 7-18

（5）移动播放头至00：00：00：20处，再次添加一个书写关键帧，并调整其参数，制作字幕动画效果，如图7-19所示。

图 7-19

（6）移动播放头至00：00：02：04处，添加一个书写关键帧，如图7-20所示。

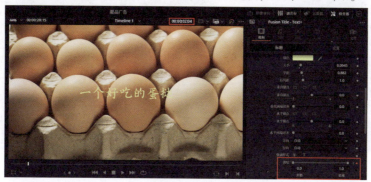

图 7-20

（7）移动播放头至00：00：03：00处，复制第一段字幕，粘贴在此处，如图7-21所示。

图 7-21

（8）选中第二段字幕，在"检查器"面板中修改字幕内容，如图7-22所示。

图 7-22

（9）移动播放头至 00：00：07：00 处，再次粘贴一段字幕，如图 7-23 所示。

图 7-23

（10）选中第三段字幕，在"检查器"面板中修改字幕内容，如图 7-24 所示。

图 7-24

（11）移动播放头至 00：00：14：00 处，粘贴一段字幕，如图 7-25 所示。

图 7-25

（12）选中第四段字幕，在"检查器"面板中修改字幕内容、颜色，如图 7-26 所示。

图 7-26

（13）移动播放头至 00：00：22：20 处，再次粘贴一段字幕，如图 7-27 所示。

图 7-27

（14）选中第五段字幕，在"检查器"面板中修改字幕内容和颜色，如图 7-28 所示。

图 7-28

（15）完成上述操作后，视频的字幕就制作完成了。

7.1.4　为视频添加背景音乐

轻快的音乐会让广告氛围更具吸引力，将画面与声音结合，也能够提升画面的质感。

（1）移动播放头至视频素材开始处，添加名为"背景音乐"的音频素材至"时间线"面板中，如图 7-29 所示。

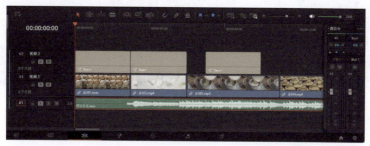

图 7-29

（2）移动播放头至 00：00：02：15 处，选中音频素材，进行分割，如图 7-30 所示。

图 7-30

（3）分割后删除前面的多余片段，并将剩下的音频素材前移，如图 7-31 所示。

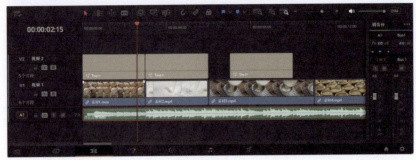

图 7-31

（4）移动播放头至 00：00：28：15 处，选中音频素材，进行分割，在分割后删除多余片段，使音频素材时长与视频素材时长保持一致，如图 7-32 所示。

图 7-32

（5）移动光标至音频素材上，按住控制点并拖曳，调整音频素材的淡出时长，如图 7-33 所示。

图 7-33

（6）完成上述操作后，视频的背景音乐就添加完成了。

7.1.5 交付输出制作的视频

最后一步是将完成的甜品广告导出。选择合适的分辨率和格式，保证最终的视频完美展现。

（1）切换至"交付"页面，在"渲染设置"面板中，调整导出的文件名和保存位置，调整后单击"添加到渲染队列"按钮，如图 7-34 所示。

（2）在"渲染队列"面板中，单击"渲染所有"按钮，如图 7-35 所示。

（3）渲染完成后，视频已经导出，视频画面效果如图 7-36 所示。

图 7-34　　　　　　　　图 7-35　　　　　　　　图 7-36

7.2　轻煮时光慢煮茶，制作茶饮宣传片

茶饮广告追求优雅与沉静。通过精致的画面和柔和的节奏，展现茶饮的品质与韵味。我们将一起制作一支充满诗意的宣传片，让观众感受到茶的魅力。

7.2.1　导入素材进行剪辑

将茶饮视频素材导入并整理，用剪辑挑选出最具表现力的画面，搭建视频的基础框架。

（1）启动 DaVinci，新建剪辑项目后，导入名为"素材 1"至"素材 7"的视频素材和名为"背景音乐""音效""音效 1"的音频素材至剪辑项目中，添加素材至"媒体池"面板中，如图 7-37 所示。

图 7-37

（2）切换至"快编"页面，选中"素材 1"，在"检视器"面板中为其添加入点与出点，如图 7-38 所示，添加入点与出点后，添加该素材至"时间线"面板中。

图 7-38

（3）参考上一步骤，对剩下的所有视频素材都添加入点与出点，并将其添加至"时间线"面板中，如图 7-39 所示。

图 7-39

素材的入点与出点位置如表 7-2 所示。

表 7-2

素材名称	入点位置	出点位置	素材时长
素材 1	00：00：02：00	00：00：06：24	00：00：05：00
素材 2	00：00：01：00	00：00：05：24	00：00：05：00
素材 3	00：00：06：00	00：00：13：24	00：00：08：00
素材 4	00：00：16：00	00：00：18：24	00：00：03：00
素材 5	00：00：01：00	00：00：07：24	00：00：07：00
素材 6	18：17：19：00	18：17：22：24	00：00：04：00
素材 7	18：25：12：00	18：25：21：24	00：00：10：00

（4）完成上述操作后，视频的粗剪就完成了。

7.2.2 调整画面色彩风格

本案例中使用的素材色差较大，所以我们要对素材画面进行还原，让素材画面色调基本统一。

（1）切换至"调色"页面，选中"素材 1"，切换至"曲线 – 自定义"标签页，在曲线上添加两个控制点，调整曲线，如图 7-40 所示。

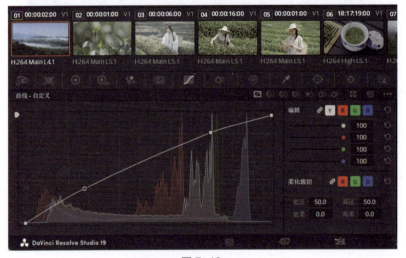

图 7-40

（2）选中"素材6"，在"曲线–自定义"标签页中的曲线上，添加两个控制点，调整曲线，如图7–41所示。

图 7-41

（3）选中"素材7"，在"曲线–自定义"标签页中的曲线上，添加两个控制点，调整曲线，如图7–42所示。

图 7-42

（4）选中"素材2"，切换至"一级·校色轮"标签页，适当调整素材的色温、色调参数，如图7-43所示。

图 7-43

（5）选中"素材3"，在"一级·校色轮"标签页中，适当调整素材的参数，如图7-44所示。

图 7-44

（6）选中"素材 4"，在"一级·校色轮"标签页中，适当调整素材的参数，如图 7-45 所示。

图 7-45

（7）选中"素材 5"，在"一级·校色轮"标签页中，适当调整素材的参数，如图 7-46 所示。

图 7-46

（8）在"节点"面板中，切换至"时间线"，对时间线上的所有片段进行调色，切换后按快捷键"Alt+S"，添加一个节点，如图 7-47 所示。

（9）添加第一个节点后，按快捷键"Alt+L"，添加一个图层混合节点，如图 7-48 所示。

图 7-47　　　　　　　　　　　图 7-48

（10）展开"特效库"面板，在其中选择"高斯模糊"效果，将其添加至编号 02 节点上，如图 7-49 所示。

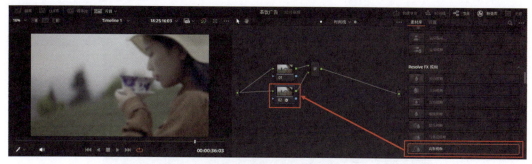

图 7-49

（11）选中编号为 02 的节点，在"设置"标签页中调整节点的参数，如图 7-50 所示。

图 7-50

（12）选中图层混合节点，右击展开快捷菜单，执行"合成模式 – 滤色"命令，如图 7-51 所示。

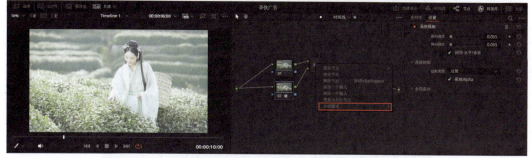

图 7-51

（13）选中图层混合器节点，按快捷键"Alt+S"，添加一个串行节点，如图 7-52 所示。

图 7-52

（14）切换至"曲线－自定义"标签页，添加两个控制点，调整画面曲线，避免画面中的高光部分过亮，如图 7-53 所示。

图 7-53

（15）切换至"一级·校色轮"标签页，调整画面色彩，如图 7-54 所示。

图 7-54

（16）切换至"色彩扭曲器"标签页，调整画面颜色，恢复绿色应有的质感，如图 7-55 所示。

图 7-55

（17）完成上述操作后，视频的调色工作就完成了。

7.2.3　为视频制作字幕效果

广告中的字幕是非常重要的一部分，通过字幕能够强调产品的特点，吸引目标消费群体，接下来我们就使用 DaVinci 为视频制作字幕效果。

（1）切换至"剪辑"页面，展开"特效库"面板，添加一段字幕至"时间线"面板中，如图 7-56 所示。

图 7-56

（2）选中字幕，在"检查器"面板中修改字幕内容、字体、字距等参数，如图 7-57 所示。

图 7-57

（3）选中字幕，调整字幕的淡入淡出动画时长，如图 7-58 所示。

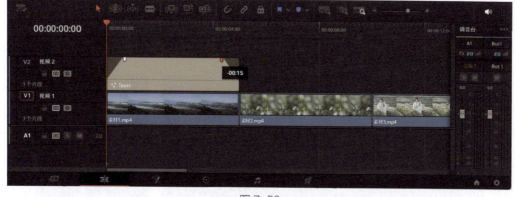

图 7-58

（4）选中字幕，按快捷键"Ctrl+C"复制。移动播放头至 00：00：05：00 处，按快捷键"Ctrl+C"粘贴字幕，如图 7-59 所示。

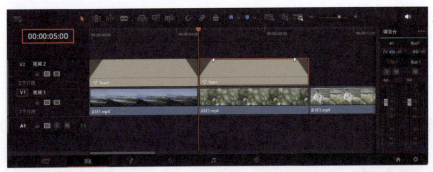

图 7-59

（5）选中第二段字幕，在"检查器"窗口中修改字幕内容、字距，如图 7-60 所示。

图 7-60

（6）选中第二段字幕，按快捷键"Ctrl+C"复制字幕。移动播放头至 00∶00∶10∶00 处，按快捷键"Ctrl+V"粘贴字幕，如图 7-61 所示。

图 7-61

（7）选中第三段字幕，在"检查器"窗口中更改字幕内容、颜色、位置，如图 7-62 和图 7-63 所示。

图 7-62

图 7-63

（8）选中第二段字幕，按快捷键 "Ctrl+C" 复制字幕。移动播放头至 00：00：21：00 处，按快捷键 "Ctrl+V" 粘贴字幕，如图 7-64 所示。

图 7-64

（9）选中第四段字幕，在"检查器"面板中，调整字幕内容、大小、位置，如图 7-65 和图 7-66 所示。

图 7-65　　　　　　　　　　　　　　　　图 7-66

（10）移动播放头至 00：00：28：00 处，粘贴复制的第二段字幕，并调整字幕时长，如图 7-67 所示。

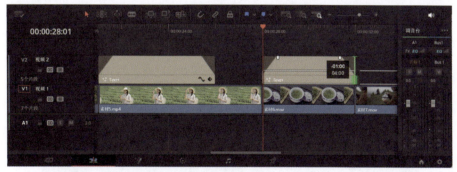

图 7-67

（11）选中第五段字幕，在"检查器"面板中修改字幕内容、大小、颜色和位置，如图 7-68 和图 7-69 所示。

图 7-68　　　　　　　　　　　　　　　　图 7-69

（12）移动播放头至00：00：32：00处，粘贴第二段字幕，如图7-70所示。

图7-70

（13）选中第六段字幕，在"检查器"面板中修改字幕内容、大小、行间距，如图7-71所示。

图7-71

（14）完成上述操作后，视频的字幕效果就制作完成了。

7.2.4 添加背景音乐和音效

制作了字幕后，我们就可以为视频添加背景音乐和音效了，让视频更加生动，更具吸引力。

（1）移动播放头至视频素材开始处，添加名为"音效1"的音频素材至"时间线"面板中，如图7-72所示。

图7-72

（2）移动播放头至00：00：28：00处，选中名为"音效1"的音频素材，按快捷键"Ctrl+B"进行分割，如图7-73所示。

图7-73

（3）选中后半段音频素材，删除多余片段，删除后如图 7-74 所示。

图 7-74

（4）移动播放头至视频素材开始处，添加名为"音效"的音频素材至"时间线"面板中，如图 7-75 所示。

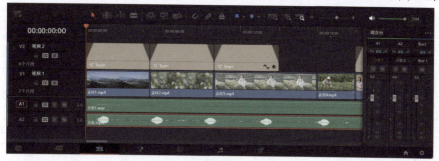

图 7-75

（5）移动播放头至 00：00：44：00 处，选中名为"音效"的音频素材，按快捷键"Ctrl+B"进行分割，分割后如图 7-76 所示。

图 7-76

（6）选中前半段音频素材，删除该片段，如图 7-77 所示。

图 7-77

（7）删除后，将剩下的音频素材前移至视频素材开始处。移动播放头至 00：00：42：00 处，选中音频素材，按快捷键"Ctrl+B"进行分割，分割后删除多余片段，使音频素材时长与视频素材时长保持一致，如图 7-78 所示。

图 7-78

（8）对"时间线"面板中的所有音频素材添加淡入淡出效果，如图 7-79 所示。

图 7-79

（9）添加名为"背景音乐"的音频素材至"时间线"面板中，如图 7-80 所示。

图 7-80

（10）移动播放头至 00：00：42：00 处，按快捷键"Ctrl+B"进行分割，分割后删除多余片段，使音频素材时长与视频素材保持一致，并调整素材的淡出时长，如图 7-81 所示。

图 7-81

（11）完成上述操作后，视频的背景音乐和音效就添加完成了。

7.2.5　交付输出制作的视频

在完成所有的制作工作后，就来到了制作的最后环节：交付。

（1）切换至"交付"页面，在"渲染设置"面板中设置素材的文件名和保存位置，设置后单击"添加到渲染队列"按钮，如图 7-82 所示。

（2）单击"渲染队列"面板中的"渲染所有"按钮，开始渲染工作，如图 7-83 所示。

图 7-82

图 7-83

（3）完成渲染工作后，视频画面效果如图 7-84 所示。

图 7-84

第8章

综艺感短片剪辑实操，教你轻松抓住观众的眼球

本章导读

　　这一章将教你如何制作令人耳目一新的综艺感短片。从激动人心的电影预告片到轻松有趣的旅行综艺片头，每一步都帮助你掌握如何抓住观众的注意力。用创意点燃屏幕，用剪辑引发共鸣，让你的视频自带"爆款"潜质。

8.1　相约影院，制作电影预告片

电影预告片是一场视觉盛宴，它浓缩了影片的精华，用短短几十秒抓住观众的注意力。我们将一起学习如何制作一支不错的预告片。从素材整理到调色应用，从转场设计到音乐配合，你将学会如何用 DaVinci 打造专业级别的预告短片。让你的作品带着观众一起期待银幕上的精彩故事。

8.1.1　导入素材进行剪辑

导入素材是制作预告片的第一步，也是一切创作的基础。我们将教你如何快速将拍摄的素材导入 DaVinci，并整理成便于操作的序列。通过对素材进行分类和标签标记，你会发现剪辑流程更加清晰有序。无论是紧张的动作镜头还是动情的特写，都能一目了然地呈现在时间线上，为后续的创作做好准备。但如果制作简单的预告片，就不需要那么多的整理工作，只需要进行素材筛选。

（1）启动 DaVinci，新建剪辑项目后，导入名为"素材 1"至"素材 6"的视频素材和名为"噪点"的视频素材至剪辑项目中。添加素材至"媒体池"面板中，如图 8-1 所示。

（2）切换至"剪辑"页面，选中"素材 1"，在"检视器"面板中为其添加入点与出点，入点位置为 00：00：07：00，出点位置为 00：00：16：24，如图 8-2 所示。添加完入点与出点后，添加该素材至"时间线"面板中。

图 8-1

图 8-2

（3）参考上一步骤，对"素材 2"至"素材 6"都进行同样的操作，并添加至"时间线"面板中，如图 8-3 所示。

图 8-3

素材的入点与出点位置如表 8-1 所示。

表 8-1

素材名称	入点位置	出点位置	素材时长
素材 1	00：00：07：00	00：00：16：24	00：00：10：00
素材 2	00：00：01：00	00：00：07：29	00：00：06：00

续表

素材名称	入点位置	出点位置	素材时长
素材 3	00：00：01：00	00：00：05：24	00：00：05：00
素材 4	00：00：01：00	00：00：08：24	00：00：08：00
素材 5	00：00：01：00	00：00：04：29	00：00：04：00
素材 6	00：00：01：00	00：00：05：23	00：00：05：00

（4）框选"时间线"面板上的所有素材，右击展开快捷菜单，执行"链接片段"命令，如图 8-4 所示。

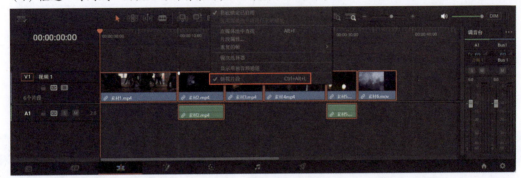

图 8-4

（5）执行该命令后，取消视频素材与音频素材之间的链接。框选"时间线"面板中的音频素材，如图 8-5 所示，框选后删除音频素材。

图 8-5

（6）添加名为"噪点"的视频素材至"时间线"面板上的 V2 轨道上，如图 8-6 所示。

图 8-6

（7）框选 V2 轨道上的视频素材，在"检查器"面板中更改素材的合成模式为"滤色"，并调整素材的不透明度，如图 8-7 所示。

图 8-7

（8）完成上述操作后，视频的粗剪就完成了。

8.1.2　调整画面色彩风格

调色是打造电影感画面的关键。通过调整画面色彩风格，我们为预告片的整体风格定下基调。

（1）切换至"调色"页面，在"节点"面板中切换至"时间线"，并按快捷键"Alt+S"，添加一个节点，如图 8-8 所示。

（2）选中编号为 01 的节点，切换至"曲线 – 自定义"标签页，添加两个控制点，调整曲线，如图 8-9 所示。

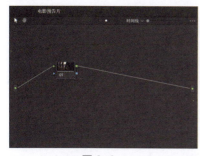

图 8-8

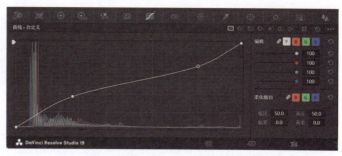

图 8-9

（3）按快捷键"Alt+S"，添加一个串行节点，选中串行节点，切换至"一级·校色轮"标签页，调整参数，如图 8-10 所示。

图 8-10

（4）按快捷键"Alt+S"，再次添加一个串行节点。选中编号为 03 的节点，切换至"色彩扭曲器"标签页，调整节点，如图 8-11 所示。

图 8-11

（5）完成上述操作后，视频的调色就完成了。

8.1.3 添加转场过渡效果

转场是提升影片流畅度的重要环节。通过各种转场效果，能够有效增强画面切换时的节奏感和观赏性。

（1）切换至"剪辑"页面，展开"特效库"面板，在"工具箱"下拉列表的"视频转场"分类中，找到合适的转场效果，将其添加至"素材 1"与"素材 2"之间的剪辑点上，如图 8-12 所示。

图 8-12

（2）参考上一步骤，添加合适的转场效果至"素材 3"和"素材 4"的剪辑点上，如图 8-13 所示。

图 8-13

（3）参考步骤（2），添加合适的转场效果至"素材 4"与"素材 5"之间的剪辑点上，如图 8-14 所示。

图 8-14

（4）参考步骤（2），添加合适的转场效果至"素材 5"与"素材 6"之间的剪辑点上，如图 8-15 所示。

图 8-15

（5）完成上述操作后，视频的转场过渡效果就添加完成了。

8.1.4　为视频制作字幕效果

字幕不仅是信息的传递工具，更是提升视觉体验的重要元素。在本小节中，我们将教你设计字幕样式，搭配预告片的主题风格，使画面更具质感。

（1）移动播放头至 00：00：01：00 处，添加一段字幕至 V3 轨道上，如图 8-16 所示。

图 8-16

（2）选中字幕，在"检查器"面板中，调整字幕内容、字体、大小、行距等参数，调整后如图 8-17 和图 8-18 所示。

图 8-17　　　　　　　　　　　　　　　　　　图 8-18

（3）移动光标至"时间线"面板中的字幕上，调整字幕的淡入淡出时长，如图 8-19 所示。

图 8-19

（4）选中字幕，按快捷键"Ctrl+C"进行复制。移动播放头至00：00：10：15处，按快捷键"Ctrl+V"粘贴字幕，如图8-20所示。

图8-20

（5）选中第二段字幕，在"检查器"面板中修改字幕内容和字幕位置，如图8-21所示。

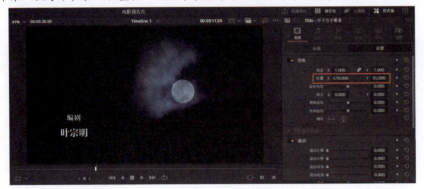

图8-21

（6）移动播放头至00：00：16：00处，按快捷键"Ctrl+V"粘贴字幕，如图8-22所示。

图8-22

（7）选中第三段字幕，在"检查器"面板中修改字幕内容和位置，如图8-23所示。

图8-23

（8）移动播放头至 00：00：21：10 处，按快捷键"Ctrl+V"粘贴字幕，如图 8-24 所示。

图 8-24

（9）选中第四段字幕，在"检查器"面板中修改字幕内容、位置，如图 8-25 所示。

图 8-25

（10）移动播放头至 00：00：33：15 处，按快捷键"Ctrl+V"粘贴字幕，如图 8-26 所示。

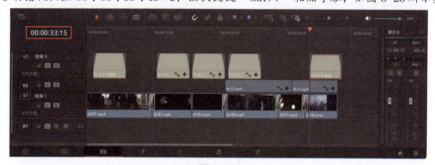

图 8-26

（11）选中第五段字幕，在"检查器"面板中修改字幕内容、位置，如图 8-27 所示。

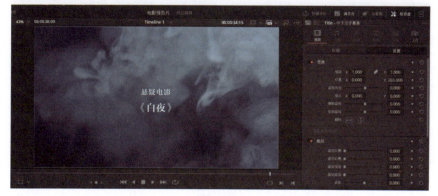

图 8-27

（12）调整第五段字幕的时长，如图 8-28 所示。

图 8-28

（13）移动光标至"素材 6"上，调整素材的淡出时长，使字幕与视频素材一起淡出画面，如图 8-29 所示。

图 8-29

（14）完成上述操作后，视频的字幕效果就制作完成。

8.1.5 为视频添加背景音乐

音乐是预告片的灵魂，它赋予画面情绪和节奏。我们将从音效库中挑选适合的背景音乐，并教你如何精准地同步音乐与画面。通过巧妙的音乐切换和节奏匹配，观众将被画面和声音的完美融合打动。用音乐讲述故事，让预告片的每一秒都充满张力。

（1）按快捷键"Ctrl+Shift+N"，新建一个媒体夹，并对其重命名，如图 8-30 所示。重命名后添加素材至该媒体夹中，如图 8-31 所示。

图 8-30

图 8-31

（2）添加名为"背景音乐"的音频素材至"时间线"面板中，并调整音频素材音量，如图 8-32 所示。

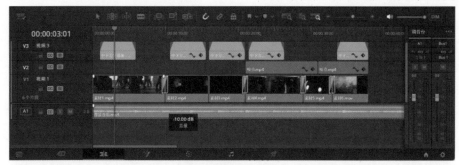

图 8-32

（3）移动播放头至视频素材结尾处，选中音频素材并进行分割，分割后删除多余的音频片段，如图 8-33 所示。

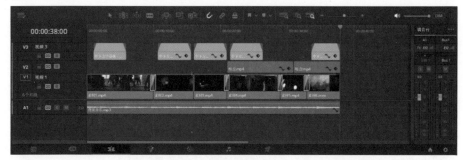

图 8-33

（4）添加名为"街道"的音频素材至"时间线"面板中，添加后调整音频素材时长，与"素材1"时长保持一致，并调整淡出时长，如图 8-34 所示。

图 8-34

（5）移动播放头至 00：00：09：10 处，添加名为"转场"的音频素材至"时间线"面板中，并调整其音量，如图 8-35 所示。

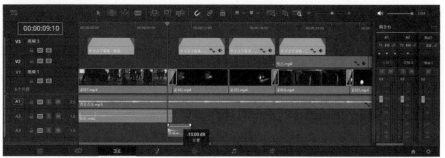

图 8-35

（6）移动播放头至 00：00：16：10 处，添加名为"火柴"的音频素材至"时间线"面板中，并调整音频素材的结束位置与"素材 3"的结束位置对齐，如图 8-36 所示。

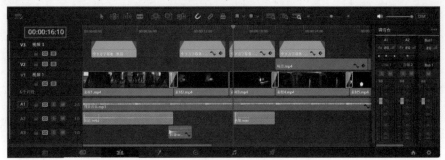

图 8-36

（7）添加名为"脚步"的音频素材至"时间线"面板中，添加后右击该素材展开快捷菜单，执行"更改片段速度"命令，调整音频素材速度，如图 8-37 所示。

图 8-37

（8）调整速度后，调整素材时长，使其与"素材 4"时长保持一致，并调整其淡出时长，如图 8-38 所示。

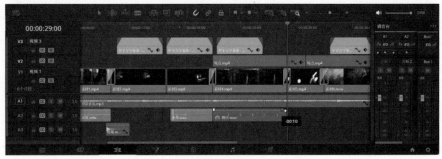

图 8-38

（9）移动播放头至 00：00：28：10 处，添加名为"蜡烛"的音频素材至"时间线"面板中，并调整素材时长，如图 8-39 所示。

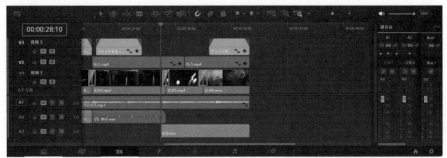

图 8-39

（10）调整名为"蜡烛"的音频素材淡出时长，如图 8-40 所示。

图 8-40

（11）移动播放头至 00：00：32：10 处，添加名为"转场"的音频素材至"时间线"面板中，并调整其音量，如图 8-41 所示。

图 8-41

（12）完成上述操作后，视频的背景音乐和音效就已经全部制作完成了。

8.1.6　交付输出制作的视频

完成了精彩的预告片制作，最后一步是将它导出并准备好分享。

（1）切换至"交付"页面，在"渲染设置"面板中更改文件名和保存位置后，单击"添加到渲染队列"按钮，如图 8-42 所示。

（2）单击"渲染队列"面板中的"渲染所有"按钮，如图 8-43 所示。

（3）完成上述操作后，视频画面效果如图 8-44 所示。

图 8-42　　　　　　　　　　图 8-43　　　　　　　　　　图 8-44

211

8.2 谁的综艺DNA动了，制作旅行综艺片头

旅行综艺片头充满了轻松与活力，是吸引观众点开视频的第一步。这一小节将手把手教你如何通过 DaVinci 制作一段有趣的综艺开场片头。通过灵活的动画设计、生动的色彩运用和欢乐的背景音乐，为你的作品注入综艺的灵魂。学会这些技巧，你的每一部短片都能开场惊艳。

8.2.1 导入素材进行剪辑

将旅行视频素材导入后，剪辑出充满活力的片段，合理安排顺序，营造明快的节奏。

（1）启动 DaVinci，新建剪辑项目后，导入名为"背景""女生""小猫"的素材和名为"背景音乐""鸟鸣"的音频素材至剪辑项目中，添加素材至"媒体池"面板中，如图 8-45 所示。

图 8-45

（2）切换至"剪辑"面板，添加名为"背景""女生"的素材至"时间线"面板中，如图 8-46 所示。

图 8-46

（3）切换至"调色"面板，选中编号为 02、在 V2 轨道上的素材，添加合适的效果至"节点"面板中，如图 8-47 所示。

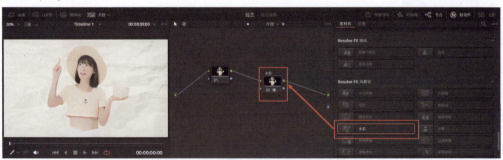

图 8-47

（4）切换至"设置"标签页，调整参数，如图 8-48 所示。

图 8-48

（5）切换至"剪辑"面板，选中 V3 轨道上的素材，调整素材缩放，如图 8-49 所示。

图 8-49

（6）调整完成后，框选 V2 和 V3 轨道上的素材。右击素材，展开快捷菜单，执行"新建复合片段"命令，将 V2、V3 轨道上的素材新建为复合片段，便于后期调整，如图 8-50 所示。

图 8-50

（7）关闭 V2 轨道上的显示，添加名为"小猫"的素材至"时间线"面板中，如图 8-51 所示。

图 8-51

（8）参考步骤（3）、（4），调整参数，如图 8-52 所示。

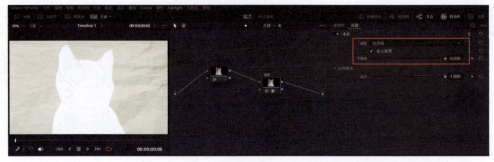

图 8-52

（9）切换至"剪辑"面板，添加"小猫"素材至 V4 轨道上，并调整其缩放，如图 8-53 所示。

图 8-53

（10）参考步骤（6），框选 V3、V4 轨道上的素材，新建复合片段，便于后续操作，如图 8-54 所示。

图 8-54

（11）选中复合片段 2，在"检查器"面板中调整参数，并将其翻转，如图 8-55 所示。

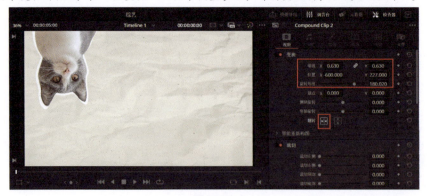

图 8-55

（12）选中复合片段1，在"检查器"面板中调整参数，如图8-56所示。

图 8-56

（13）完成上述操作后，视频的粗剪就完成了。

8.2.2 制作关键帧动画

用关键帧赋予画面活力。从元素的动态进入到镜头间的跳转，创造综艺感十足的效果。

（1）移动播放头至00：00：15：00处，调整V3轨道上的素材时长，如图8-57所示。

图 8-57

（2）选中V2轨道上的素材，在"检查器"面板中为其添加一个关键帧，如图8-58所示。

图 8-58

（3）移动播放头至素材开始处，在"检查器"面板中添加一个关键帧，并调整参数，如图8-59所示。

图 8-59

（4）完成上述操作后，视频的关键帧动画效果就制作完成。

8.2.3 为视频制作字幕效果

用创意字幕为片头增添趣味性，既能解释内容，也能吸引观众注意力。

（1）展开"特效库"面板，添加合适的字幕至V4轨道上，并调整其时长，如图8-60所示。

图 8-60

（2）选中字幕，在"检查器"面板中调整字幕内容、大小、字距、行距、颜色等参数，如图8-61所示。

图 8-61

（3）在"特效库"面板中添加合适的特效至"背景"素材上，如图8-62所示。

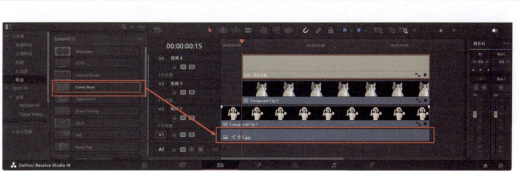

图 8-62

（4）在"特效库"面板中添加合适的转场至字幕上，如图 8-63 所示。

图 8-63

（5）完成上述操作后，视频的字幕效果就完成了。

8.2.4　添加背景音乐和音效

添加合适的背景音乐和音效能够让原本平淡无奇的视频更具吸引力，为观众带来更好的观看体验。

（1）添加名为"背景音乐"的音频素材至"时间线"面板中，如图 8-64 所示。

图 8-64

（2）移动播放头至 00：00：05：00 处，选中音频素材进行分割，分割后删除多余片段，使音频素材时长与视频素材时长保持一致，如图 8-65 所示。

图 8-65

（3）添加名为"鸟鸣"的音频素材至"时间线"面板中，调整该音频素材的时长与视频素材的时长保持一致，如图 8-66 所示。

图 8-66

（4）选中名为"背景音乐"的音频素材，调整其淡出时长，调整后如图 8-67 所示。

图 8-67

（5）完成上述操作后，视频的背景音乐和音效都添加完成了。

8.2.5 交付输出制作的视频

在完成所有的剪辑工作后，我们就需要交付输出制作的视频，才能将我们的视频分享出去。

（1）切换至"交付"页面，在"渲染设置"面板中调整保存的文件名和文件位置后，单击"添加到渲染队列"按钮，如图 8-68 所示。

（2）添加至渲染队列后，单击"渲染所有"按钮，开始渲染，如图 8-69 所示。

（3）完成上述操作后，视频画面效果如图 8-70 所示。

图 8-68

图 8-69

图 8-70